浙江省普通高校"十四五"重点立项建设教材
浙江省省级一流本科课程配套教材

U0309661

地球演化与人类环境

编　著　李加林
副主编　杨晓东　徐　皓　罗　旭
　　　　刘永超　曹罗丹

南京大学出版社

图书在版编目(CIP)数据

地球演化与人类环境 / 李加林编著. -- 南京 : 南京大学出版社, 2025. 1. -- ISBN 978-7-305-28666-7

Ⅰ. P311;X171

中国国家版本馆 CIP 数据核字第 202408WE74 号

出版发行　南京大学出版社
社　　址　南京市汉口路 22 号　　邮　　编　210093
书　　名　**地球演化与人类环境**
　　　　　DIQIU YANHUA YU RENLEI HUANJING
著　　者　李加林
责任编辑　吕家慧　　　　　　编辑热线　025-83597482

照　　排　南京布克文化发展有限公司
印　　刷　南京京新印刷有限公司
开　　本　787mm×1092mm　1/16　印张 11.75　字数 256 千
版　　次　2025 年 1 月第 1 版　2025 年 1 月第 1 次印刷
ISBN 978-7-305-28666-7
定　　价　39.00 元

网　　址　http://www.njupco.com
官方微博　http://weibo.com/njupco
官方微信　njuyuexue
销售咨询热线　025-83594756

前言
Preface

  在当今快速变化的世界中,地球演化与人类环境之间的关系比以往任何时候都更加紧密。随着全球气候变化、资源枯竭和生物多样性丧失等问题的加剧,如何理解和应对这些挑战,成为当代大学生面临的重要课题。因此,加强对地球演化与人类环境关系的知识学习,不仅是科学教育的重要组成部分,更是培养学生全面素养和社会责任的关键。本书作为大学通识教育课程的教材,专为低年级学生设计,旨在为他们提供一个系统的知识框架,以便在这一复杂的背景下理解地球的形成、演化过程及其与人类的关系。

  对于大学低年级学生来说,正是构建科学素养和批判性思维的关键时期。通过本书的学习,学生不仅可以获得必要的地球科学的基础知识,还能增强对当今地球环境问题的理解与关注。我们希望学生能意识到,地球科学知识与实际生活息息相关,只有通过深入了解地球的演化及其与环境的互动,才能更好地参与到当今社会面临的重大挑战中去。

  在面对气候变化、环境污染和资源短缺等全球性问题时,当代大学生需要具备扎实的地球科学知识和应对能力。这不仅关乎他们个人的学习与发展,也直接影响到未来社会的可持续发展。因此,通过引导学生关注地球环境问题和可持续发展,我们希望他们能够认识到作为未来社会中坚力量的责任,积极参与到环境保护与资源管理的实践中去。

  本书共分4章18节,每个章节都经过精心设计,确保逻辑清晰、条理分明。第一章介绍了地球的形成与演化,涵盖了宇宙大爆炸的基本概念、地球的诞生及其演化过程,帮助学生建立对地球及其发展历程的全面理解。第二章则深入探讨生命的起源与进化,讲述脊椎动物的演化和人类的起源,揭示生命与环境之间的互动关系。第三章专注于自然灾害及其防治,讨论龙卷风、地震、洪水、海啸和火山等自然现象的成因、特征及其对人类社会的影响,使学生意识到自然界的力量和人类活动的脆弱性。最后,第四章分析人地关系,强调可持续发展和生态文明的概念,引导学生思考如何构建和谐的人地关系。

  本书不仅仅是一本教材,更是一部引导学生思考和探索的学习指南。通过丰富的案例分析和实践应用,我们希望学生能够深入理解科学理论的实际意义。对地球环境问题的关注,不仅需要科学的知识基础,更需要一种责任感,促使学生在未来的学习和生活中积极参与环境保护和可持续发展的活动。

本书的写作源于作者在宁波大学长期从事地理科学及大学通识教育工作,多年的教学工作中积累了大量的教学素材。本书著者李加林负责的课程《地球演化与人类环境》于2022年获批浙江省一流本科课程,本书也于2024年被确立为浙江省"十四五"第二批"四新"重点教材建设项目。写作过程中,我们参阅了大量的研究成果和教学经验,力求使内容易于理解,适合不同背景的学生。每一节的内容都旨在激发学生的好奇心,鼓励他们提出问题并寻求答案。每章后面的思考题,更能激发学生的学习探究兴趣。希望通过这本书,学生们不仅能够掌握相关知识,更能够培养探索自然、尊重生态的意识,树立科学思维和批判性思考的能力。

面对复杂多变的全球环境,学生们需要成为具备全球视野的公民,能够理解地球科学知识与社会实践之间的联系。通过学习地球演化与人类环境的知识,他们将更好地应对未来的挑战,并在解决环境问题中发挥积极作用。在这一过程中,本书将提供必要的知识支持和理论指导。我们期待,通过学习本书的内容,学生们能够积极投身于科学探索和环境保护的实践中,成为引领未来社会发展的新一代。

在编写过程中,参考、引用了大量文献,限于篇幅,未能一一标注。在此向这些文献的作者表示敬意与感谢。由于作者水平有限,加之拟定时间较短,书中难免存在疏漏之处,敬请读者谅解与指正。

编者

2024 年 10 月 28 日

目录
Contents

第一章

地球的形成与演化

第一节　宇宙大爆炸

一、宇宙大爆炸理论概述

1. 大爆炸的基本概念

（1）宇宙大爆炸的起源与概述

宇宙大爆炸（Big Bang）理论是现代宇宙学的核心理论之一，它描述了宇宙从一个极度密集和炽热的状态开始膨胀并逐渐冷却的过程。根据这一理论，宇宙在大约138亿年前起源于一个几乎无限密度和温度的奇点（singularity）。在这个奇点发生大爆炸后，宇宙开始迅速膨胀，时间、空间、物质和能量在这一过程中逐渐产生并演化。奇点的概念是理解大爆炸理论的关键。奇点是一个体积无限小、密度无限大的点，在奇点处，现有物理定律（包括广义相对论和量子力学）无法有效描述宇宙的状态。这意味着，在大爆炸发生之前的时刻，科学家们无法确定宇宙的具体状态以及其如何从奇点转变为我们今天所观测到的宇宙。

（2）宇宙的膨胀与物质的形成

随着宇宙膨胀的进行，奇点的能量开始转化为物质和辐射。在最初的几微秒内，基本粒子（如夸克和电子）逐渐形成。随后，随着宇宙进一步冷却，这些基本粒子组合成质子、中子，最终形成原子核。经过数十万年，电子与原子核结合，形成了最早的中性原子，宇宙从此变得透明，光子得以自由传播，这一时期被称为重组时期

（recombination epoch）。

宇宙大爆炸理论的重要特点之一是它提供了宇宙膨胀的框架。在大爆炸后的膨胀过程中，宇宙的温度和密度逐渐下降，物质和能量的分布逐渐均匀。这种膨胀不仅解释了宇宙的当前状态，也为理解星系、恒星和行星的形成提供了重要依据。

需要注意的是，宇宙大爆炸并不是传统意义上的"爆炸"。它更像是一场空间本身的迅速扩展，在这个过程中，物质和能量随之展开并逐渐形成今天所观测到的宇宙结构。因此，宇宙大爆炸理论并不涉及宇宙从"某个点"向外爆炸的概念，而是指整个空间的同步扩展。

2. 宇宙学背景辐射的发现与意义

（1）宇宙微波背景辐射的定义与重要性

宇宙微波背景辐射（Cosmic Microwave Background Radiation，CMB）是宇宙大爆炸理论最重要的证据之一。CMB 是指从宇宙各个方向辐射出的微波辐射，它几乎均匀地分布于整个宇宙空间。CMB 的发现验证了宇宙大爆炸理论中的关键预测，即在宇宙的早期阶段，整个宇宙曾处于一个非常炽热且均匀的状态。

宇宙背景辐射的发现归功于阿诺·彭齐亚斯（Arno Penzias）和罗伯特·威尔逊（Robert Wilson）两位科学家。1965 年，他们在使用贝尔实验室的射电望远镜进行研究时，意外地探测到了一种来自天空各个方向的微弱微波噪声。经过仔细排除其他可能的来源，他们意识到这一信号并不是由地球或太阳系的某个天体产生的，而是来自整个宇宙。后来，这一发现被解释为宇宙微波背景辐射，是宇宙大爆炸后留下的"余辉"。

（2）CMB 对宇宙大爆炸理论的支持

CMB 的重要性在于它为宇宙大爆炸理论提供了强有力的支持。根据宇宙大爆炸理论，在大爆炸后大约 38 万年左右，宇宙温度下降到约 3 000 K，光子得以脱离物质的束缚，自由传播。随着宇宙的膨胀，这些光子的波长逐渐拉长，形成了我们今天观测到的微波背景辐射。CMB 的温度大约为 2.7 K，非常接近绝对零度，这与大爆炸后宇宙冷却的预测相一致。

CMB 不仅证实了大爆炸理论的基本框架，还为宇宙的早期状态提供了详细的图像。通过对 CMB 的精确测量，科学家们能够推算出宇宙的年龄、几何结构以及物质和能量的组成成分。例如，CMB 的各向异性，即微小的温度波动，揭示了宇宙中物质分布的不均匀性，这些波动是星系和星系团形成的种子。

此外，CMB 的研究还支持了宇宙的平直性和暗物质、暗能量的存在。根据 CMB 的温度分布，科学家们推算出宇宙的总密度接近临界密度，意味着宇宙的几何结构是平直的。此外，CMB 的特征还暗示了大约 68% 的宇宙成分是暗能量，这种神秘的能量导致宇宙膨胀加速。剩下的物质部分中,大约 85% 是暗物质,而普通物质仅占约 5%。

3. 大爆炸理论的证据与支持

除了宇宙微波背景辐射,大爆炸理论还有其他多个独立的证据支持。其中,哈勃定律、宇宙中的元素丰度和星系的红移现象都是大爆炸理论的重要支柱。

(1) 哈勃定律

1929 年,天文学家埃德温·哈勃(Edwin Hubble)通过观测发现,远离地球的星系光谱中存在红移现象,且距离越远的星系,其红移越大。这一现象表明,宇宙在膨胀,即所有星系都在远离我们而去。这一发现直接支持了大爆炸理论,因为它表明宇宙曾经从一个更小、更密集的状态膨胀到现在的规模。

哈勃定律不仅证明了宇宙的膨胀,也为宇宙的年龄估算提供了可能。通过测量星系的红移和距离,科学家可以推算出宇宙的膨胀率,即哈勃常数(Hubble Constant)。结合 CMB 的数据,哈勃常数使科学家能够更准确地估算宇宙的年龄,进一步支持了大爆炸的时间框架。

(2) 宇宙中的元素丰度

宇宙中的轻元素丰度也是大爆炸理论的重要证据。在大爆炸后的一秒钟到三分钟之间,宇宙的温度和密度适宜于核聚变反应的发生。这一时期被称为原初核合成时期(Big Bang Nucleosynthesis)。在这一时期,氢、氦、少量的锂和微量的重元素(如铍和硼)在宇宙中形成。

大爆炸理论成功解释了宇宙中轻元素的丰度,特别是氦 4 的丰度。根据观测,宇宙中的氦 4 含量约为物质总质量的 25%,这与大爆炸理论的预测非常一致。此外,氘(重氢)和锂的丰度也符合理论预期。这些元素的丰度无法通过恒星内部的核反应解释,而大爆炸理论则能够很好地解释这些观测结果,进一步支持了这一理论的正确性。

(3) 星系的红移现象

除了哈勃定律中的星系红移,宇宙大爆炸理论还得到了更广泛的观测支持。在宇宙学中,红移是指光子在传播过程中波长变长的现象,通常与宇宙膨胀有关。大部分遥远星系的光谱显示出明显的红移,表明这些星系正在远离我们而去。

这种红移现象不仅证明了宇宙的膨胀,也表明这种膨胀是大规模的、普遍的,而不是局部的。例如,观测显示,不同方向、不同距离的星系红移值之间存在一致性,进一步支持了大爆炸模型的广泛适用性。

(4) 宇宙的均匀性与各向同性

宇宙大爆炸理论还解释了宇宙的均匀性与各向同性。宇宙的均匀性指的是在大尺度上,宇宙的物质分布是均匀的;各向同性则意味着从宇宙中的任何一点观察,宇宙在各个方向上是相同的。这两个特征都与大爆炸模型的预测相吻合,特别是在 CMB 的观测中得到了进一步验证。

尽管宇宙存在局部的不均匀性(如星系团和空洞),但在更大的尺度上,宇宙的均匀性与各向同性依然成立。宇宙大爆炸理论通过初期宇宙的均匀膨胀解释了这一现象,并通过 CMB 的温度波动展示了如何从早期的均匀状态发展出今天复杂的宇宙结构。

二、宇宙的形成与演化

1. 早期宇宙的状态与演化

宇宙的早期状态极其独特,其演化过程决定了今天我们所观测到的宇宙结构。在大爆炸后的最初时刻,宇宙经历了一系列极端的物理过程,这些过程塑造了宇宙的基本性质。

(1)宇宙的膨胀与温度的变化

大爆炸发生后,宇宙经历了迅速的膨胀,称为暴胀(Inflation)。暴胀期发生在大爆炸后约 10^{36} 秒至 10^{32} 秒之间。这个时期,宇宙以超光速膨胀,使得原本极其微小的量子波动扩展到了宇宙尺度。暴胀结束后,宇宙继续膨胀,但速度大幅减缓,进入了热大爆炸阶段(Hot Big Bang Phase)。在热大爆炸阶段,宇宙的温度极高,达到约 10^{27} K。这个高温状态使得物质以自由的基本粒子形式存在,如夸克、胶子、电子等。在接下来的几微秒内,随着温度逐渐降低,这些基本粒子开始组合成质子和中子,形成了物质的基本组成部分。

(2)宇宙的基本相互作用

早期宇宙的演化受四种基本相互作用的影响:引力、电磁力、强相互作用和弱相互作用。在宇宙的最初时刻,这四种相互作用是统一的,即所有相互作用在极高的能量下表现为一种力。然而,随着宇宙的冷却,这些相互作用逐渐分离,形成了我们今天所知的四种基本力。大爆炸后的第一秒,强相互作用和弱相互作用首先分离出来,接着是电磁力和引力的分离。相互作用的分离导致了基本粒子的形成及其后续的物理过程,如核聚变和核分裂,这些过程决定了宇宙中的元素丰度和物质结构。

(3)宇宙的早期状态与夸克胶子等离子体

在大爆炸后的最初几微秒内,宇宙处于一种被称为夸克胶子等离子体(Quark-Gluon-Plasma)的状态。在这个状态下,夸克和胶子是自由存在的,而不是被束缚在质子和中子内部。随着宇宙的冷却,夸克和胶子逐渐结合,形成质子和中子。这一过程称为夸克禁闭(Quark Confinement),标志着宇宙从极高能量状态过渡到较低能量状态。宇宙的初期状态还包括重子不对称性的出现。重子是质子和中子的统称,重子不对称性指的是宇宙中物质(重子)的数量远远大于反物质的数量。这种不对称性是宇宙形成的关键因素,因为如果物质和反物质的数量相等,它们会在相互湮灭后消失,宇宙中将只剩下光子和其他基本粒子。

2. 物质、能量和暗物质的形成

(1)普通物质与辐射的形成

大爆炸后的几分钟内,宇宙冷却至足够低的温度,使得核聚变反应得以进行。这一时期被称为原初核合成时期,是宇宙中轻元素形成的关键阶段。在此过程中,质子和中子结合形成氢核、氦核以及少量的锂核。原初核合成时期产生了宇宙中大部分的氢和氦,这些元素后来成为恒星和星系形成的基础。氢是宇宙中最简单、最丰富的元素,约占物质的75%。氦则占了大约25%,而锂的比例则非常微小。重元素(如碳、氧、铁等)则是在恒星内部通过核聚变反应形成的。除了普通物质,早期宇宙中还有大量的辐射(主要是光子)。这些光子在大爆炸后迅速散射,形成了宇宙的微波背景辐射(CMB)。

(2)暗物质的形成与作用

暗物质(Dark Matter)是宇宙中一种无法直接观测到的物质,它不与电磁波相互作用,因此不会发光或吸收光线。然而,暗物质的存在可以通过引力效应间接观测到。暗物质的起源仍然是科学家们研究的前沿领域。根据理论模型,暗物质可能由一些尚未被发现的基本粒子构成,这些粒子具有质量但不与普通物质发生强相互作用。暗物质粒子在大爆炸后可能通过某种机制形成,并在宇宙结构的演化中起到了至关重要的作用。早期宇宙中的微小密度波动在暗物质的引力作用下逐渐增强,形成了今天星系和星系团的种子。如果没有暗物质的引力作用,这些波动可能不会形成足够大的质量集中,最终也不会形成星系。

(3)能量与宇宙的加速膨胀

除了物质,能量也是宇宙演化的重要组成部分,尤其是暗能量(Dark Energy)。暗能量是一种推动宇宙加速膨胀的神秘能量形式,占据了宇宙总能量的约68%。暗能量的存在解释了宇宙膨胀速度在最近数十亿年内的加速现象。暗能量的性质目前尚不清楚,但它对宇宙的命运有着深远的影响。根据暗能量的性质,宇宙的未来可能会经历不同的命运,如永远加速膨胀(热寂),或在极端情况下再次收缩(大撕裂)。暗能量的研究是现代宇宙学的一个重要方向,也是理解宇宙整体演化的关键。

3. 星系、恒星与行星的形成过程

（1）星系的形成与演化

星系是宇宙中最大的天体系统之一,由数十亿颗恒星、气体和尘埃以及暗物质组成。星系的形成始于宇宙早期的密度波动,这些波动在暗物质引力作用下逐渐形成质量集中。随着时间的推移,这些质量集中区域演化为星系。星系的形成过程大致可以分为两个阶段:冷却与气体坍缩和恒星形成。在冷却与气体坍缩阶段,星系中的气体在重力作用下坍缩,形成一个原始星系。随着气体的冷却,密集的气体云开始分裂,形成了恒星的"种子"。这些种子随后在重力作用下不断吸积周围的物质,逐渐形成了原始恒星。

星系的类型多种多样,主要分为三类:椭圆星系、螺旋星系和不规则星系。椭圆星系主要由年老恒星组成,气体含量较少,恒星形成速率低;螺旋星系则拥有大量年轻恒星、气体和尘埃,恒星形成活跃;不规则星系形态不规则,多为恒星形成的活跃区域。星系的演化过程中,星系合并是一个重要的过程,这种合并通常发生在星系团内,并对星系的形态和演化产生深远影响。

（2）恒星的形成与生命周期

恒星形成于星系内部的分子云(冷气体云)中。在分子云中,重力导致气体和尘埃向中心坍缩,形成致密的核心。随着坍缩的进行,核心的温度和压力不断升高,最终触发了核聚变反应,形成了一颗新生恒星。恒星的生命周期由其质量决定。质量较大的恒星燃烧其核燃料的速度更快,寿命相对较短,通常仅有数百万到数千万年。大质量恒星的生命终结时,往往会发生剧烈的超新星爆发,散发出大量能量,并在爆炸后留下中子星或黑洞。质量较小的恒星则可以稳定地燃烧数十亿年甚至更长,最终演化为白矮星。

恒星的核聚变过程不仅维持了恒星的光芒,也在其内部生成了各种重元素,这些元素在超新星爆发后散布到宇宙中,成为新一代恒星和行星形成的原料。

（3）行星的形成与行星系统的演化

行星形成于恒星周围的原行星盘中。原行星盘是由气体和尘埃组成的圆盘,围绕着新生恒星旋转。在盘中,微小的尘埃颗粒通过碰撞逐渐聚集,形成行星胚胎。随着行星胚胎的不断增长,它们逐渐清扫周围的物质,最终形成行星。行星的类型多种多样,主要分为类地行星、气态巨行星和冰巨行星。类地行星如地球,主要由岩石和金属组成;气态巨行星如木星,主要由氢和氦组成;冰巨行星如天王星和海王星,则含有大量的水、氨和甲烷。

行星系统的演化过程中,行星与原行星盘的相互作用可能导致行星轨道的迁移,

从而影响整个行星系统的结构。此外,行星之间的引力相互作用也可能导致轨道的变化,甚至行星的抛出。行星系统的演化过程复杂多样,每个系统都有其独特的历史和特征。

三、宇宙尺度的时间和空间

1. 宇宙年龄与尺度

(1)宇宙的年龄

宇宙的年龄是通过对宇宙膨胀速率、宇宙微波背景辐射(CMB)和最古老星团等的研究来确定的。当前的科学共识认为宇宙的年龄约为 138 亿年。这一估计是基于哈勃定律(Hubble's Law)和对宇宙微波背景辐射的精确测量。哈勃定律描述了星系的远离速度与其距离之间的关系,表明宇宙在膨胀中。通过测量星系的红移(远离地球的速度)和它们的距离,科学家们可以推算出宇宙的膨胀速率,从而估算宇宙的年龄。具体地说,通过对哈勃常数(Hubble Constant)的测定,可以得到一个关于宇宙膨胀速率的值,进而推算出宇宙的年龄。另一个重要的年龄测定工具是宇宙微波背景辐射。CMB 是大爆炸后留下的余辉,经过 138 亿年的膨胀和冷却,现在的温度约为 2.725 K。通过对 CMB 的详细分析,科学家们能够推算出宇宙的年龄以及早期宇宙的状态。

(2)宇宙的尺度

宇宙的尺度描述了宇宙的空间结构和尺寸。宇宙的尺度极其庞大,当前观测到的可见宇宙直径约为 930 亿光年。这个尺度是通过对远离地球的天体的观测和测量来确定的。宇宙的尺度不仅涉及星系、星系团,还包括星系间的巨大空洞。宇宙的尺度可以分为可见宇宙(Observable Universe)和整个宇宙(Entire Universe)。可见宇宙指的是我们能够观测到的部分,其边界由光在 138 亿年内传播的距离决定。由于宇宙膨胀的影响,可见宇宙的实际直径要大于光传播的时间乘以光速。可见宇宙中的尺度结构包括:星系、星系团、超星系团以及更大的结构,如大尺度结构(Large Scale Structure)。大尺度结构的形成是由暗物质和普通物质在宇宙膨胀过程中通过引力作用相互作用而成的。

2. 宇宙膨胀与哈勃定律

(1)宇宙膨胀的发现

宇宙膨胀的概念最初由爱德温·哈勃(Edwin Hubble)于 20 世纪 20 年代的观测研究揭示。哈勃的工作基于对远离地球的星系的观测,他发现这些星系的光谱线发生了红移现象。这种现象意味着星系的光谱线向光谱的红色端偏移,表明它们正在远离地球。具体来说,红移的出现是由于光波在宇宙膨胀过程中被拉长,从而向红色端偏移。这一发现表明,宇宙不是静止的,而是在不断扩张。

哈勃的研究基于对大量星系的光谱数据分析,发现了一个重要的规律:星系的红移程度与它们距离地球的距离成正比。这一发现直接挑战了当时流行的静态宇宙理论,揭示了一个动态的宇宙模型。在哈勃之前,宇宙被认为是静态不变的,而他的研究证明了宇宙的膨胀是一个普遍现象。这一发现为后来的宇宙学研究奠定了基础,并推动了大爆炸理论的提出和发展。

(2)哈勃定律

哈勃定律是描述宇宙膨胀的核心定律,表述了星系远离速度与距离之间的关系。其数学公式为:

$$v = H_0 \times d$$

其中,v 是星系的远离速度,H_0 是哈勃常数,d 是星系到地球的距离。根据哈勃定律,星系远离的速度与其距离成正比,这意味着距离越远的星系,远离速度越快。

哈勃常数是一个关键的宇宙学参数,其值的准确测定对了解宇宙的演化至关重要。科学家通过观测星系的红移和距离,估计出哈勃常数的值在 70 至 75 千米每秒每百万光年之间。不同的观测方法和模型可能导致哈勃常数的值有所不同,但总体上,这一常数的确定表明宇宙的膨胀在加速进行。哈勃常数的测定不仅揭示了宇宙膨胀的速率,还帮助科学家推断宇宙的年龄和演化历史。

(3)宇宙膨胀的机制

宇宙膨胀的机制主要涉及宇宙学常数(Cosmological Constant)和暗能量。宇宙学常数是爱因斯坦在他的广义相对论中引入的一个理论参数,最初用于维持静态宇宙模型。后来的研究发现,宇宙学常数与宇宙的加速膨胀有关,被重新解释为暗能量的一种表现形式。

暗能量是一种神秘的能量形式,它对宇宙的膨胀产生了重要影响,导致了膨胀的加快。暗能量的存在解释了观察到的宇宙加速膨胀现象,并为宇宙学提供了新的研究方向。暗能量的研究涉及复杂的理论模型和观测数据分析,揭示了宇宙演化的深层次机制。

宇宙膨胀的初期主要由宇宙学常数驱动,而在宇宙的早期阶段,大爆炸理论中的暴胀阶段提供了关于膨胀机制的进一步解释。暴胀理论提出,宇宙在非常早期的短暂时期内经历了剧烈的膨胀,这一过程解释了宇宙的均匀性和各向同性。

(4)膨胀模型的验证

宇宙膨胀理论得到了多种观测证据的验证。除了哈勃定律之外,宇宙微波背景辐射(CMB)是最重要的证据之一。CMB 是大爆炸后的余辉辐射,它为我们提供了关于宇宙早期状态的重要信息。CMB 的均匀性和微小的温度波动支持了大爆炸模型和宇宙膨胀理论。这些波动为研究宇宙的起源和演化提供了宝贵的线索。

此外,超新星观测也验证了宇宙膨胀的加速现象。1998 年的超新星研究发现,远离地球的超新星比预期的亮度要暗,这表明宇宙的膨胀速度在加快。这一发现强有力地支持了暗能量的存在,并推动了对加速膨胀机制的进一步研究。

3. 多元宇宙与现代宇宙学前沿

(1) 多元宇宙理论

多元宇宙理论(Multiverse Theory)提出了宇宙可能不止一个,而是存在多个宇宙。这个理论基于以下几个方面的考虑。首先是暴胀理论。暴胀理论认为宇宙的膨胀可能并不在全宇宙范围内均匀进行,而是存在多个局部区域经历不同的暴胀。这些局部区域可能演化为多个独立的宇宙,这些宇宙之间互不干涉,形成一个"多元宇宙"体系。其次是量子力学。量子力学中的多世界解释(Many Worlds Interpretation)认为,每一次量子测量都会导致宇宙分裂成多个平行宇宙。这个解释为多元宇宙理论提供了量子层面的支持。第三是宇宙常数问题。宇宙常数问题指的是暗能量的值在不同宇宙中可能有所不同。在一个多元宇宙体系中,存在不同的宇宙具有不同的暗能量值,这可以解释为什么我们所观测到的宇宙常数值恰好支持生命的存在。

(2) 多元宇宙的观测证据

尽管多元宇宙理论提出了一个引人入胜的宇宙观,但目前尚未有直接的观测证据支持这一理论。大部分关于多元宇宙的证据主要源于理论模型和间接观测。多元宇宙理论的一部分来源于暴胀理论。暴胀理论解释了宇宙的均匀性和各向同性,提出了宇宙在大爆炸后经历了极端的膨胀。这种膨胀可能不仅限于我们所知的宇宙,而是发生在一个更大的"超宇宙"中。因此,理论上我们的宇宙可能只是多元宇宙中的一个。宇宙微波背景辐射(CMB)也被用作多元宇宙的间接证据。一些科学家分析 CMB 中的微小异常现象,认为这些异常可能是其他宇宙的"痕迹"。例如,CMB 中的冷点可能反映了其他宇宙的碰撞或相互作用。然而,这些解释仍然未被广泛接受。

此外,宇宙的平坦性和大尺度结构也被用来支持多元宇宙理论。现代宇宙学模型显示,宇宙的几何形状接近平坦,且大尺度结构表现出均匀性。在多元宇宙的框架下,这些特征可以被解释为我们宇宙在多个宇宙中的"正常"状态。

尽管这些间接证据为多元宇宙理论提供了理论支持,但缺乏直接观测证据。科学界仍在探索新的观测技术和理论模型,以进一步验证多元宇宙的存在。

（3）现代宇宙学的前沿

现代宇宙学不仅在研究宇宙的起源、演化和结构,还在探索一些更深层次的问题:首先是暗物质与暗能量。尽管我们已经知道暗物质和暗能量在宇宙中占据了主导地位,但它们的本质仍然是一个未解之谜。科学家们正在通过粒子物理实验、天文观测和理论模型来探索暗物质和暗能量的性质。第二是宇宙的终极命运:宇宙的未来命运取决于暗能量的性质和宇宙的整体密度。科学家们提出了几种可能的终极命运,如大撕裂（Big Rip）、热寂（Heat Death）和大坍缩（Big Collapse）。这些理论需要通过进一步的观测和理论研究来验证。第三是引力波探测。引力波（Gravitational Waves）是由爱因斯坦的广义相对论预言的时空波动。近年来,引力波探测成为现代宇宙学的重要研究方向。引力波的观测不仅可以验证相对论的预测,还可以提供关于黑洞合并、中子星碰撞等极端天体事件的信息。第四是宇宙初期的物理状态。研究宇宙在大爆炸后的最初时刻的物理状态是现代宇宙学的重要前沿。通过高能物理实验和天文观测,科学家们试图重建宇宙的初始状态,了解早期宇宙的物理规律和演化过程。

四、宇宙大爆炸对地球形成的影响

1. 重元素的生成与地球物质基础

（1）重元素的生成

重元素的生成是宇宙化学演化的关键过程,它与恒星的生命周期密切相关。在宇宙大爆炸之后,约138亿年前,宇宙的初期主要由氢和氦这两种轻元素构成。随着宇宙的不断膨胀和冷却,温度降低,氢和氦在引力作用下聚集,形成了最初的恒星。这些恒星不仅是宇宙中第一个发光的天体,同时也是重元素的"熔炉"。

恒星的核心是核聚变反应的中心。在恒星的核心,氢原子通过核聚变反应合成氦,这一过程释放出巨大的能量。随着恒星寿命的推移,核心的氢逐渐耗尽,恒星开始聚变更重的元素。对于大质量恒星来说,这一过程会逐步生成碳、氧、氮、硅、镁、铁等更重的元素。每种元素的生成都有其特定的核聚变反应链,形成了恒星内部不同的化学层次。

当大质量恒星接近生命末期时,它们会经历超新星爆发。这种剧烈的爆炸释放出恒星核心的重元素,同时将这些元素抛撒到宇宙空间。超新星爆发不仅产生了大量的重元素,还通过激波推动周围的气体和尘埃形成新的星际云。这些富含重元素的星际物质成为后续星系、恒星、行星及其他天体形成的基础。

此外,小质量恒星也在其生命周期内生成重元素,尽管这些元素的种类和数量相对较少。小质量恒星主要通过红巨星阶段向宇宙释放氦和轻重元素,而这些元素则被散布到星际空间,成为新生恒星和行星系统的原料。

(2) 地球物质基础的形成

地球的形成是一个多阶段的复杂过程,涉及物质的积累和分化。在约46亿年前,太阳系的形成开始于一个巨大的气体和尘埃云——原行星盘。这些物质在引力的作用下逐渐聚集,形成了地球以及其他行星和小天体。

早期宇宙中的重元素通过星际尘埃和气体云进入原行星盘。这些重元素在原行星盘的物质积累中发挥了重要作用。星际尘埃中的重元素,如铁、镍、硅和铝,在原行星盘中通过碰撞和聚集,逐渐形成了地球的胚胎。在这一过程中,地球的化学成分和结构也逐步建立。

随着地球的形成,内部的重元素开始经历分异过程。由于地球的高温和高压环境,较重的元素,如铁和镍,向地球中心迁移,形成了地核。与此同时,较轻的元素,如硅、铝和氧,留在地球的外层,形成了地幔和地壳。这个分异过程不仅决定了地球的内部结构,还对地球的地质活动和化学特性产生深远影响。

地球的初期分异还伴随着剧烈的地质活动,如熔融岩浆的上升和冷却,进一步塑造了地球的地壳和地幔。这些活动不仅创造了地球的基本结构,还为地球上的生物活动和生态系统的形成提供了必要的条件。

(3) 重元素的作用

地球上的重元素,如铁、镍、硅和铝,不仅构成了地球的核心和地壳,还在地球的地质活动和化学反应中扮演了核心角色。铁和镍在地球的内核中形成了坚固的金属球体,这对于地球的磁场形成和稳定性至关重要。地球的磁场不仅保护了地球免受太阳风的侵蚀,还影响了地球的气候和环境条件。

硅和铝在地壳中形成了各种矿物和岩石,这些矿物和岩石是地球地质活动的基础。硅酸盐矿物,如长石和石英,是地壳中最常见的矿物,它们的存在决定了地球的地质结构和地壳的稳定性。铝则在许多矿物中作为主要成分,影响了地球地质过程和土壤的形成。

重元素不仅在地球的物质基础中发挥了重要作用,还参与了地球的化学反应和生物过程。重元素如铁和镍在生物体内的酶和蛋白质中也扮演了关键角色。例如,铁是血红蛋白的关键成分,负责氧气的运输和细胞呼吸。硅则在植物的细胞壁中发挥作用,对植物的生长和结构有重要影响。

2. 宇宙中元素丰度与地球化学成分

(1) 宇宙中元素的丰度

宇宙中元素的丰度主要由两大过程决定:大爆炸核合成和恒星核合成。大爆炸核合成发生在宇宙诞生后的几分钟内,这一过程主要产生了氢、氦和微量的锂等轻元素。根据现代宇宙学理论,大爆炸后初期,宇宙中的物质主要由氢和氦构成,其中氢的丰度约占宇宙总质量的75%,氦的丰度约占25%。这些轻元素构成了早期宇宙的主要成分,为后续的星际物质和天体形成奠定了基础。

随着宇宙的演化,恒星开始形成并在其生命周期内进行核聚变反应。恒星通过核聚变将氢合成氦,并在较高的温度和压力下进一步生成更重的元素,如碳、氧、氮、镁、硅和铁等。这些重元素通过恒星的演化过程释放到宇宙空间,特别是在超新星爆发时。这些爆炸不仅将重元素散布到星际介质中,还为新的星系、恒星和行星系统提供了丰富的化学原料。

根据最新的观测数据,宇宙中元素的丰度如下:氢作为宇宙中最丰富的元素,约占75%,氢主要通过大爆炸核合成形成,并成为恒星核聚变的基本燃料。氦约25%,氦也是大爆炸核合成的产物,主要存在于宇宙的气体云和星际介质中。氧、碳、氮等重元素不到1%,这些元素主要通过恒星核合成和超新星爆发生成,它们在星际尘埃和气体云中存在,为星系和行星系统的形成提供了关键物质。

(2) 地球的化学成分

地球的化学成分是由宇宙中的元素丰度、星际物质的积累以及地球内部的分异过程决定的。地球的形成过程涉及多个阶段,包括物质的聚集、化学分层和地质演化。地壳是地球的最外层,主要由氧、硅、铝、铁、钙、钠和钾等元素组成。氧和硅是地壳中最丰富的元素,它们以硅酸盐矿物的形式存在,如长石(含铝硅酸盐)和石英(含硅氧化物)。这些矿物构成了地壳的主要成分,并影响地壳的物理和化学特性。地幔位于地壳下方,主要由镁、铁、硅和氧等元素组成。地幔中的主要矿物包括橄榄石、辉石和石榴石,这些矿物在高温和高压环境下稳定存在。地幔的化学成分和物理特性对地球的地质活动,如地震、火山喷发等,具有重要影响。地核是地球的中心部分,主要由铁和镍组成。地核分为外核和内核,外核是液态的,内核则是固态的。地核的存在对地球的磁场形成至关重要,地球的磁场源自于地核中液态铁的对流运动。此外,地核的化学成分还影响地球的地质活动和热量分布。

(3) 宇宙元素丰度对地球化学的影响

宇宙中元素的丰度分布决定了地球化学成分的分布。氢和氦在地球上的丰度较低,这与地球的形成和地壳的化学成分有关。相比之下,氧、硅、铁等元素在地球上相对较高,这些元素的分布影响了地球的矿物组成和地质特性。地壳中的主要矿物,如长石和石英,富含氧和硅,而地幔中的主要矿物则富含镁和铁。

地球上的重元素主要来源于恒星核合成和超新星爆发。恒星在其生命周期内生成的重元素通过超新星爆发释放到星际空间,这些元素随后被吸积到新形成的星系和行星系统中。这些重元素不仅构成了地球的基本物质,也影响了地球的化学组成和物质基础。

地球的地质活动,如火山喷发、地壳运动等,也会影响地球的化学成分。火山喷发将地幔中的物质释放到地表,改变了地壳的化学组成。地壳运动则会导致元素的重新分布,影响地球的地质演化和生态系统。此外,地质过程还会释放气体和矿物,这些物质对地球的大气和水体产生重要影响。

第二节 地球的诞生与演化

一、太阳系的形成

1. 太阳系的起源:星云假说

(1) 星云假说的提出与发展

太阳系的起源问题一直是科学家的关注重点。18 世纪末,德国哲学家伊曼努尔·康德(Immanuel Kant)和法国数学家皮埃尔·西蒙·拉普拉斯(Pierre-Simon Laplace)提出了"星云假说",这两个科学家分别从不同的角度对太阳系的形成提供了理论框架。康德在其著作《普通自然史和天空的自然历史》中,首次提出了太阳系起源的概念,认为太阳系是由一片旋转的星云逐渐坍缩形成的。而拉普拉斯在他的《宇宙系统论》中,进一步发展了这一理论,提出了"星云假说"的详细模型,描述了一个巨大的旋转气体云在引力作用下逐渐坍缩,形成太阳和行星系统的过程。

这两个理论的共同点在于它们都认为太阳系的形成是一个由气体和尘埃组成的星云在引力作用下经历了逐步坍缩的过程。尽管康德和拉普拉斯在细节上存在差异,他们的理论为后来的科学家提供了重要的基础,并影响了后续的研究。星云假说解释了太阳系中行星轨道平面近似一致、行星绕太阳旋转方向相同等现象,为现代天文学和行星科学奠定了重要的理论基础。

随着科学技术的进步,特别是天文观测技术的提高,星云假说得到了不断的验证和完善。20 世纪初,随着天文学的发展,天文学家发现了许多星际气体云和尘埃盘,这些观测结果进一步支持了星云假说的基本观点。现代的天文学和行星科学研究继续围绕这一理论展开,探索太阳系以及其他恒星系统的形成机制。

(2) 星云坍缩与原太阳的形成

根据星云假说,太阳系的形成可以追溯到大约 46 亿年前。当时,一片由氢、氦及少量重元素组成的星际气体和尘埃云开始受到外部力量的扰动,可能是由于邻近的超新星爆发、星际磁场的作用或其他引力扰动。这种扰动导致了星云的坍缩过程，坍缩的起点可能是局部的不稳定性或冲击波。

在坍缩的过程中，星云的物质由于引力逐渐向中心聚集，形成了一个旋转的圆盘结构。随着物质不断向中心汇聚，星云的温度和密度逐渐升高。中心区域的物质最终形成了一个炽热的核心，这就是太阳的前身——原太阳。这个原太阳在其形成的过程中，温度和压力逐渐增加，直到达到能够启动核聚变反应的条件。氢原子在高温高压的环境下开始转变为氦原子，释放出大量的能量，形成了现在的太阳。

原太阳的形成过程中，其他区域的物质继续围绕原太阳旋转，逐渐冷却和凝聚。这一过程为后续的行星和其他天体的形成奠定了基础。星云坍缩不仅是太阳形成的起点，也是整个太阳系形成的关键阶段。通过对太阳和其他恒星的观测，科学家能够更好地理解这一过程，并对原太阳的形成和早期演化进行建模和模拟。

（3）行星盘的形成与演化

在原太阳形成的同时，剩余的气体和尘埃形成了一个环绕原太阳的旋转圆盘，这被称为原行星盘。原行星盘的形成是太阳系演化的关键阶段之一。随着物质在原行星盘中逐渐冷却和凝聚，盘中的气体和尘埃开始发生各种物理和化学过程。

在原行星盘中，温度和密度随距离原太阳的远近而变化。靠近太阳的区域，由于温度较高，只有金属和岩石等耐高温的物质能够凝聚。这样，形成了地球型行星，如水星、金星、地球和火星。这些行星主要由金属和岩石构成，具有相对较高的密度和较小的体积。

而在远离太阳的区域，温度较低，气体和冰冻物质得以保留。这里形成了气体巨星如木星和土星，以及冰巨星如天王星和海王星。这些行星主要由氢、氦和其他挥发性物质组成，具有较低的密度和较大的体积。气体巨星和冰巨星的形成与其在原行星盘中的位置和组成密切相关。

原行星盘中的物质经过不断的碰撞和聚集，形成了行星、卫星、小行星和彗星等天体。行星的形成过程包括了微小颗粒的凝聚、碰撞和合并，这一过程逐渐导致了行星的生长和演化。通过对行星和其他小天体的观测，科学家能够推测出这些天体的形成过程，并揭示太阳系的演化历史。

（4）星云假说的证据

星云假说自提出以来，得到了越来越多的观测证据支持。首先，星云假说成功解释了太阳系中行星轨道的共面性以及它们绕太阳的同向旋转现象。行星的轨道几乎位于一个平面上，并且它们绕太阳的旋转方向相同，这与星云假说描述的原行星盘中的物质分布和旋转特征一致。

近年来，天文学家通过观测发现了许多围绕年轻恒星的原行星盘，这些盘的结构和星云假说描述的原行星盘非常相似。例如，Hubble 太空望远镜和其他地面观测设施在年轻恒星周围发现了气体和尘埃盘,这些观测结果提供了星云假说的直接证据。这些盘的存在表明,星云假说中描述的形成过程在实际宇宙中确实发生过。

此外,陨石和行星样本分析的同位素数据也支持了星云假说。通过对这些样本的分析,科学家发现太阳系内的物质在形成初期经历了一段热历史,这与星云假说描述的原行星盘中的物质凝聚过程相符。这些数据表明,太阳系的形成过程与星云假说所描述的机制相一致。

总体而言,星云假说不仅为太阳系的形成提供了合理的解释,还为理解其他恒星系统的形成提供了重要的理论框架。随着天文学和行星科学的发展,星云假说将继续为我们揭示宇宙的奥秘,并推动对星系和恒星系统形成机制的深入探索。

2. 太阳系的结构与各天体的形成

(1) 太阳系的基本结构

太阳系是一个由多种天体组成的复杂系统,其中包括了太阳、八大行星及其卫星、小行星带、彗星、柯伊伯带天体和奥尔特云等。太阳系的中心天体是太阳,它占据了太阳系总质量的 99.86%,在太阳系中扮演着至关重要的角色。太阳的引力不仅使得所有行星及其他天体围绕它旋转,还影响着整个太阳系的动力学和结构。

太阳系的行星根据它们与太阳的距离分为两大类:内行星和外行星。内行星包括水星、金星、地球和火星,这些行星被统称为地球型行星,主要由岩石和金属构成,表面固体,密度较高。外行星则包括木星、土星、天王星和海王星,这些被称为气体巨星和冰巨星。气体巨星主要由氢和氦组成,密度较低,没有固体表面。冰巨星则主要由水、氨、甲烷等冰冻物质组成,质量介于地球型行星和气体巨星之间。

除了主要的行星,太阳系中还有大量的小天体,如小行星、彗星以及其他较小的天体。这些小天体分布在太阳系的不同区域,共同构成了一个复杂的天体系统。小行星带位于火星和木星轨道之间,由数以百万计的小行星组成。彗星主要来自太阳系外侧的柯伊伯带和奥尔特云,它们由冰冻物质和尘埃组成。

(2) 地球型行星的形成

地球型行星包括水星、金星、地球和火星,这些行星主要由岩石和金属组成,具有较高的密度和固体表面。地球型行星的形成过程可以分为几个主要阶段:首先是尘埃颗粒的凝聚。在原行星盘的内侧区域,温度较高,只有金属和岩石类物质能够凝聚。星际气体中的尘埃颗粒在引力和静电作用下逐渐聚集,形成了微小的固体颗粒。这些尘埃颗粒的聚集和凝结是形成行星的第一步。其次是微行星的形成。随着尘埃颗粒的不断聚集,它们通过碰撞和黏附逐渐形成了更大的团块,称为微行星。这些微行星在引力作用下继续聚合,逐渐形成了行星胚胎。微行星之间的引力相互作用促进了它们的进一步合并,形成了较大的天体。第三是行星胚胎的碰撞与合并。随着行星胚胎的增大,它们之间的碰撞和合并变得更加剧烈。这些碰撞不仅促进了行星胚胎的生长,还导致了大量的热量释放。经过数百万年的演化,最终形成了地球型行星。在这一过程中,来自太阳系外部的小行星和彗星的频繁撞击进一步改变了行星的地质结构和化学成分。第四是重轰炸期。在早期太阳系的重轰炸期,地球型行星经历了频繁的撞击,这一时期对行星表面和内部结构产生了深远的影响。这些撞击不仅改变了行星的地质特征,还对其化学组成产生了显著的影响。

(3) 气体巨星的形成

气体巨星包括木星和土星,它们主要由氢和氦组成,密度较低,没有固体表面。气体巨星的形成过程与地球型行星有所不同,主要包括以下几个阶段:首先是核心的快速形成。在原行星盘的外侧区域,温度较低,冰冻物质得以凝聚。气体巨星的核心由这些冰冻物质和岩石微粒结合而成,迅速形成了一个大质量的核心。这个过程在较低温度下发生,使得核心能够迅速积累大量的物质。其次是气体的迅速捕获。一旦形成了大质量的核心,它通过强大的引力迅速捕获了周围的气体,特别是氢和氦。这一过程使得气体巨星的质量迅速增加,形成了厚厚的大气层。气体的捕获过程对气体巨星的形成至关重要,它决定了气体巨星的最终质量和大气特征。第三是气体巨星的演化。随着气体巨星的形成,原行星盘中的气体逐渐耗尽,这限制了气体巨星的进一步生长。尽管如此,木星和土星在形成后的早期阶段经历了进一步的演化过程,形成了今天我们所看到的状态。气体巨星的强大引力场对太阳系其他天体的演化产生了深远的影响,如对小行星带的动态行为和其他行星轨道的稳定性。

(4) 冰巨星的形成

冰巨星包括天王星和海王星,它们的质量介于地球型行星和气体巨星之间,主要由水、氨、甲烷等冰冻物质组成。冰巨星的形成过程类似于气体巨星,但在气体捕获阶段,由于距离太阳更远,温度更低,原行星盘中的气体密度较低,冰巨星的质量相对较小。冰巨星的形成过程包括:首先是核心的形成。冰巨星的核心也由冰冻物质和岩石微粒结合而成,但由于气体的稀少,核心形成的速度较慢。核心的形成过程与气体巨星相似,但由于气体密度较低,冰巨星的核心质量通常较小。其次是气体的捕获。在核心形成后,冰巨星也通过引力捕获周围的气体,但由于气体量较少,它们的气体层相对较薄。冰巨星的气体层主要由氢、氦以及其他挥发性物质构成,这些物质在较低的温度下保持稳定。第三是冰巨星的形成与演化。冰巨星的形成解释了它们与气体巨星的成分差异,同时揭示了太阳系外侧区域的形成条件。天王星和海王星的形成过程中,冰冻物质的丰富使得它们的构成与木星和土星显著不同。

(5) 小行星带与彗星的形成

小行星带位于火星和木星轨道之间,由数以百万计的小行星组成。小行星带的形成与太阳系早期的物质分布和动态过程密切相关。小行星带中的物质是原行星盘中未能形成行星的残余物质。由于木星的强大引力作用,这些物质未能进一步聚合成一个行星,而是分布在一个相对狭窄的带状区域。木星的引力对这些小天体的轨道产生了扰动,阻止了它们进一步合并。也有一种理论认为,在太阳系形成初期,行星的形成过程经历了一个激烈的阶段,这一阶段充满了大量的撞击和碰撞。这些撞击不仅塑造了行星的形成过程,也对周围的小天体产生了重要影响。行星胚胎在互相碰撞过程中,有些行星胚胎在这些撞击中被摧毁或严重破坏,产生了大量的碎片,从而形成了小行星带。

彗星主要来自太阳系外侧的柯伊伯带和奥尔特云。柯伊伯带位于海王星轨道之外,包含了大量的冰冻物质和尘埃。奥尔特云则位于更远的地方,是一个球状的物质云,包含了大量的长周期彗星。彗星由冰冻物质和尘埃组成,当它们靠近太阳时,冰冻物质升华,形成明亮的彗发和尾巴。彗星的形成与太阳系外侧的低温环境密切相关,它们为研究太阳系早期的化学成分提供了重要线索。

（6）太阳系的演化与稳定性

太阳系的演化是一个多阶段、复杂的过程,涉及行星的形成、轨道的调整和小天体的迁移。在太阳系形成初期,行星通过尘埃颗粒的凝聚、微行星的形成以及行星胚胎的碰撞与合并逐渐形成。这一过程包括了行星的核心形成、表面特征的演变以及地质结构的改变。行星形成后的重轰炸期进一步影响了这些行星的地质特征和化学成分。

行星轨道的调整也是太阳系演化中的重要环节。早期的行星和小天体间的引力相互作用导致了轨道的迁移和调整。例如,气体巨星如木星和土星的引力对其他天体的轨道产生了显著影响,改变了它们的运行路径。此外,原行星盘的耗尽使得行星和小天体的轨道逐渐趋于稳定,最终形成了我们今天观察到的太阳系结构。

太阳系中的小天体,包括小行星、彗星和柯伊伯带天体,也经历了显著的迁移和演化。小行星带位于火星和木星轨道之间,由未能形成行星的物质残余组成。木星的引力防止了这些物质进一步聚合,形成了小行星带。彗星主要来自太阳系外侧的柯伊伯带和奥尔特云,当它们靠近太阳时,冰冻物质升华形成彗发和尾巴,这些天体的迁移同样受到行星引力的影响。

尽管太阳系经历了剧烈的演化,其结构逐渐趋于稳定。今天,各行星的轨道基本固定,形成了稳定的太阳系结构。然而,太阳系并非完全静止,小行星撞击地球的风险仍然存在,对地球环境和生物进化具有潜在影响。此外,太阳将在数十亿年后进入红巨星阶段,这将对太阳系的结构和行星轨道产生深远影响。

二、地球的诞生

1. 地球的形成过程：原行星的聚合

（1）原行星盘与行星胚胎的诞生

地球的形成可追溯至约 46 亿年前的太阳系早期。当时，太阳系由一片巨大的星际气体和尘埃云坍缩形成，中心区域演化成了太阳，而剩余的物质则构成了一个旋转的盘状结构——原行星盘。原行星盘是由尘埃、冰冻物质和气体组成的，随着时间的推移，这些物质在引力的作用下逐渐凝聚，形成了称为微行星的小天体。

在数百万年的时间里，微行星通过引力相互吸引并发生碰撞，逐渐合并成更大的天体，称为行星胚胎。这些行星胚胎继续在原行星盘中吸积物质，最终形成了包括地球在内的行星。地球的形成过程可以分为以下几个关键阶段。

（2）微行星的聚合与行星胚胎的形成

地球的形成过程始于原行星盘中尘埃颗粒的凝聚。在太阳系形成早期，尘埃颗粒在盘内的高温区域逐渐熔融并凝固成固态颗粒。这些颗粒通过碰撞和静电吸引作用逐渐聚集成更大的团块，最终形成了直径为几千米至数百千米的微行星。

微行星之间的引力相互作用导致了它们的碰撞和合并。随着微行星的增大，它们的引力逐渐增强，能够吸积周围更多的物质。通过这一过程，微行星逐渐演化为行星胚胎，行星胚胎的质量进一步增加，最终形成了地球的雏形。

（3）行星胚胎的碰撞与地球的生长

行星胚胎在原行星盘中继续增长，并逐渐清空它们周围的物质。行星胚胎之间的引力相互作用使它们沿着轨道移动，并发生剧烈的碰撞。地球的生长过程就是通过这种碰撞和吸积来实现的。这些碰撞有时会释放出大量能量，导致行星胚胎部分熔融，从而重新调整其内部结构。随着时间的推移，地球逐渐从一个混乱的、分散的物质集合体演化为一个较为稳定的天体。行星胚胎的碰撞还可能产生碎片，这些碎片在轨道上再次聚合，形成了地球的卫星——月球。

（4）巨行星的影响与地球的稳定化

在太阳系形成早期，木星和土星等巨行星已经形成，它们的强大引力场对内太阳系的行星形成过程产生了深远的影响。木星的引力扰动可能导致了地球轨道的微调，并影响了地球胚胎的吸积过程。尽管巨行星的引力扰动增加了行星胚胎之间的碰撞频率,但也有助于清除太阳系内侧区域的气体和小天体。这一过程使得地球的形成环境逐渐稳定下来,为地球的进一步演化奠定了基础。

2. 地球内部结构的分异

(1) 地球的初始状态与热演化

地球在形成之初是一个充满能量的原始星球。行星胚胎的碰撞、物质的吸积以及放射性元素的衰变释放了大量的热量,导致了地球的部分或完全熔融。这一熔融状态对地球内部结构的分异和形成至关重要。

在地球的初期,由于内部高温,密度较大的物质(如铁和镍)逐渐下沉,形成了地核,而较轻的物质(如硅酸盐矿物)则漂浮在表面,形成了地幔和地壳。这一过程被称为地球的分异作用,它使地球内部的物质根据密度不同而分层,最终形成了今天的地球内部结构。

(2) 地核

地球的分异作用首先导致了地核的形成。地核由高密度的铁和镍等金属元素组成,其形成过程主要受重力分异作用的驱动。在地球内部的高温环境下,铁和镍等金属元素逐渐熔融,并向地球中心沉降,形成了地核。

地核的形成不仅改变了地球的内部结构,还对地球的地磁场产生了重要影响。随着地核的逐渐冷却,部分铁和镍凝固,形成了地核的固态内核。而外层的液态地核则通过对流运动产生了地球的地磁场,这一地磁场至今仍然在保护地球免受太阳风的侵袭。

(3) 地幔与地壳

在地核形成的同时,较轻的硅酸盐矿物则逐渐聚集在地核之上,形成了地幔。地幔的物质主要是橄榄石、辉石和石榴子石等矿物,它们的密度介于地核和地壳之间。地幔的形成是地球分异作用的一个重要环节,它为地球表面的地壳形成提供了基础。

地壳是地球最外层的固体岩石圈,由密度更低的硅酸盐矿物组成。地壳的形成经历了一个复杂的演化过程。最初的地壳可能是一层由玄武岩组成的原始地壳,随后随着地球内部的热演化和板块构造运动,地壳逐渐分化为大陆地壳和海洋地壳。

(4) 地球内部的热演化与动力学

地球内部的热演化在地球形成初期非常重要,它驱动了地球内部的对流运动,并导致了地球内部结构的进一步分化。地幔的对流运动是地球内部热量向外传递的重要机制,它不仅推动了地壳的运动,也驱动了板块构造的形成。

板块构造是地球动力学的重要组成部分,它解释了地震、火山和山脉的形成过程。地幔中的对流运动使得地壳上的板块不断运动、碰撞、分离和俯冲,导致了地球表面的地质活动。这些活动不仅塑造了地球的地形地貌,也对地球的气候和生物演化产生了深远影响。

（5）月球的形成与地球的演化

地球内部结构的分异还与月球的形成密切相关。根据"大碰撞假说",月球可能是由一次巨大碰撞事件形成的。在地球形成后不久,一个火星大小的天体撞击了地球,这次碰撞导致了大量物质从地球喷射到太空中,这些物质逐渐聚集,形成了月球。

月球的形成对地球的演化产生了重要影响。首先,月球的存在稳定了地球的自转轴,使得地球的气候更加稳定。其次,月球引力作用下产生的潮汐现象也影响了地球的海洋和生物活动。月球的形成和地球的内部结构演化密不可分,二者共同塑造了今天的地球环境。

三、地球圈层的形成

1. 地核、地幔与地壳的形成与分化

（1）地核的形成

地球的形成起始于原行星盘中的尘埃颗粒逐渐聚合成微行星,进而演化为行星胚胎。随着行星胚胎吸积更多的物质,地球的原始形态开始形成。在这个过程中,由于剧烈的碰撞和放射性元素(如铀、钍和钾)的衰变,地球内部积累了大量热量,导致地球部分或完全熔融。这种熔融状态为地球内部物质的分异创造了条件。

在高温和引力作用下,密度较大的物质,主要是铁和镍,开始向地球中心下沉,形成了地核。这一过程被称为重力分异作用。地核的形成大约在地球形成后的3 000万年内完成。地核的形成是地球内部结构分异的第一步,也是地球动力学的重要组成部分。地核分为外核和内核。外核是液态的,内核则是固态的,主要由铁和少量的镍构成。外核的对流运动产生了地球的磁场,这是后续部分将要讨论的重要内容。

（2）地幔的形成与分化

随着地核的形成,地球内部的热量驱动了进一步的分异作用。较轻的硅酸盐物质开始在地核之上聚集,形成地幔。地幔是地球体积中最大的部分,主要由橄榄石、辉石和石榴子石等矿物组成。这些矿物的密度低于地核的金属物质,但仍然远高于地壳。

地幔的形成过程中,随着地球内部的冷却和热演化,地幔物质发生了部分熔融,导致地幔中的重元素(如铁和镁)与轻元素(如硅和铝)分离,最终形成了地壳。这一过程被称为地幔分异作用,它为地球表面的地壳形成提供了原材料。

（3）地壳的形成

地壳是地球最外层的固体部分，厚度相对较薄，但其化学组成和物理特性与地幔和地核有显著不同。地壳的形成经历了漫长的演化过程，从原始地壳到现代地壳，经历了多次熔融、固化、重新分异的过程。

最早的地壳可能是由玄武岩组成的，形成于地球形成后的最初几亿年内。这种原始地壳在地球内部动力的作用下，不断受到地幔物质的上涌和再循环的影响，逐渐演化成现代的大陆地壳和海洋地壳。大陆地壳较为厚重，主要由花岗岩类岩石组成，而海洋地壳则较薄，主要由玄武岩和辉长岩类岩石构成。

（4）地壳、地幔与地核的相互作用

地核、地幔和地壳的形成并不是孤立的过程，它们之间的相互作用推动了地球内部和表面的地质活动。地幔的对流运动驱动了板块的运动，导致了地壳的变形、火山活动和地震的发生。而地核的热量通过地幔传递到地壳，进一步影响了地球表面的环境条件和气候变化。

2. 大气圈与水圈的形成与演化

（1）原始大气的形成

地球在形成初期，大气主要由原始地幔中的挥发性物质释放而成。这些挥发性物质包括水蒸气、二氧化碳、氮、氢等气体。原始大气的成分与现代大气显著不同，缺乏氧气，且温室气体浓度较高。原始大气的形成过程中，火山活动起到了关键作用。火山喷发将地球内部的气体释放到表面，这些气体逐渐聚集在地球表面，形成了厚重的大气圈。早期的太阳风对原始大气产生了较大影响，使得轻质气体（如氢和氦）大量逃逸，但较重的气体则留存下来，逐渐形成了稳定的大气圈。

（2）水圈的形成与海洋的诞生

水圈的形成与原始大气密切相关。地球形成早期，地球表面温度较高，水以蒸汽的形式存在于大气中。随着地球逐渐冷却，水蒸气开始凝结，形成液态水，逐渐在地球表面积聚成海洋。海洋的形成对地球环境产生了深远影响。首先，海洋成为地球表面最重要的热调节器，通过吸收和储存太阳能，调节地球的温度。其次，海洋的存在促进了化学风化作用，通过溶解和沉积作用，改变了地球表面的化学组成，形成了早期的沉积岩。

水圈的演化过程中，海洋的化学组成也发生了显著变化。早期海洋的 pH 值可能较低，富含二氧化碳和硫化物，而随着时间的推移，海洋逐渐富集了钙、镁、钠等元素，形成了现代海水的化学成分。海洋中的化学元素与大气之间的相互作用也为生命的起源提供了必要的条件。

（3）大气圈的演化与生物圈的相互作用

大气圈的演化经历了从还原性大气到氧化性大气的转变,这一转变与生物圈的进化密切相关。在地球的早期,光合作用细菌的出现极大地改变了大气成分。这些细菌通过光合作用释放氧气,逐渐改变了大气的化学组成,最终形成了富氧大气。大气圈的演化不仅影响了地球表面的温度和气候,还对地球的生物圈产生了决定性影响。氧气的积累促使了真核生物的出现和进化,最终导致了多细胞生命的繁荣。与此同时,臭氧层的形成为地表生命提供了保护,使其免受紫外线辐射的伤害。

水圈和大气圈的相互作用也推动了全球气候系统的形成。水圈通过蒸发和降水与大气圈进行物质交换,形成了全球的水循环系统,这一系统对地球的气候稳定性至关重要。

3. 磁场的形成与地球动力学

（1）地球磁场的产生

地球磁场的产生主要源于地核中的液态铁镍合金的对流运动。地核的对流运动驱动了电荷的流动,产生了强大的磁场,这一过程被称为地磁发电机效应。地磁发电机效应的本质是电磁感应,液态外核中的导电流体运动使得地球内部的磁场得以维持和增强。

地球磁场的形成大约在地球形成后的早期阶段。随着地核的逐渐冷却,液态外核开始对流,产生了地磁场。地磁场的强度和形态随着时间的推移发生了变化,但其基本特征保持稳定,且至今仍在保护地球免受太阳风和宇宙射线的影响。

（2）磁场对地球表面和生命的影响

地球磁场是地球环境的重要组成部分,它在多个方面对地球表面和生命产生了深远影响。首先,地球磁场形成了一个保护层,称为磁层,它能够偏转和阻挡太阳风中的带电粒子,从而保护地球大气和水圈不受侵蚀。这一保护作用对地球表面的生命至关重要,特别是在早期生命演化过程中,磁场的存在为生命提供了相对稳定的环境条件。其次,地球磁场的存在对导航、动物迁徙等生物行为产生了重要影响。许多生物体,如鸟类和海龟,能够感知地球磁场,并利用它进行方向感知和迁徙。这种磁感应能力在生物进化中起到了关键作用。

（3）地球动力学与地磁场的关系

地球磁场的形成与地球动力学之间有着密切联系。地幔对流、板块运动、地震和火山活动等地球动力学过程,都在不同程度上受到地磁场的影响。反过来,地球内部的动力学过程也影响了地磁场的形态和强度。例如,板块的运动导致了地壳的变形和再循环,这些过程在不同程度上改变了地球的磁性矿物分布,从而影响了地磁场的局部特征。此外,地幔柱的上升和热柱的活动也可能引发地磁场的局部异常,导致磁极的漂移和地磁逆转。

(4) 磁场的演化与地球未来

地球磁场在地质历史上经历了多次逆转和变迁。磁极逆转是指地球磁场南北极的交换,这种现象在地质记录中被多次发现,表明地球磁场并非一成不变,而是动态演化的。未来,随着地球内部热量的不断释放和地核的逐渐冷却,地球磁场可能会发生进一步的变化。这些变化不仅对地球表面的环境条件产生影响,也可能对地球的动力学过程带来深远影响。地球磁场的演化是地球科学研究的重要领域,未来的研究可能会揭示更多关于地磁场起源和演化的奥秘。

四、地表形态的演化

地球表面的形态经历了从最初的熔融状态到现代复杂的地表结构的漫长演变过程。这个过程涉及地球的物质循环、板块构造、地壳变形等多个方面,最终形成了今天我们所看到的山脉、海洋、盆地等地表形态。

1. 早期地表形态:从熔融到固体地壳

(1) 早期地表的熔融状态

地球形成初期,地球的表面温度极高,主要由于行星撞击、放射性衰变以及引力收缩等原因,地球处于熔融状态。在这一阶段,地球的表面几乎完全是由熔融的岩浆和流体构成,称为原始熔融地壳。这段时期持续了几亿年,直到地球的热量逐渐散失,地表温度开始下降。随着地球的冷却,原始熔融地壳逐渐固化,形成了最早的固体地壳。这个过程开始于地球形成后的几亿年内,固体地壳的形成伴随着大量的火山活动和岩浆的上涌。最早的固体地壳主要由玄武岩组成,构成了早期的海洋地壳,而大陆地壳的形成则相对较晚。

(2) 地壳的分异与早期地质活动

随着地壳的形成,地球内部的物质逐渐开始分异。重的铁镍合金物质下沉形成地核,而较轻的硅酸盐物质则在地核之上形成地幔,并进一步上升形成了地壳。在早期的地质活动中,地壳的物质不断经历熔融、固化和再循环的过程,形成了早期的地质结构。早期的地质活动主要包括火山喷发、地壳褶皱和断裂等。这些活动导致了地壳的变形和重新分布,为后续的地表形态演变奠定了基础。早期地壳上还出现了第一批陆地（称为原始大陆），这些陆地主要由较轻的花岗岩类岩石组成，与早期的海洋地壳形成对比。

2. 大陆漂移与板块构造的影响

（1）大陆漂移理论的提出

大陆漂移理论是由德国气象学家兼地理学家阿尔弗雷德·韦格纳（Alfred Wegener）于20世纪初提出的。这一理论主要基于以下几方面的证据：大陆的古代气候记录、化石分布和地质结构。韦格纳通过观察发现，南美洲和非洲的轮廓在地图上几乎可以拼接在一起，提出这些大陆曾经是一个巨大的超大陆，称为潘吉亚（Pangaea）。

韦格纳通过对比各大陆的古老气候带，发现如曾经存在于南极洲的冰川遗迹在南美洲、非洲、印度和澳大利亚等地也有所发现，这些地区的古气候记录显示出它们曾经位于相同的纬度带。进一步分析发现，不同大陆上存在着相似的古生物化石，如古代爬行动物的化石，在现在分隔的大陆之间找到了相似的种类。这些化石的分布可证明这些大陆在古代曾经相连。

此外，韦格纳还指出了大陆板块之间的地质结构相似性。例如，北美洲的阿巴拉契亚山脉和欧洲的加利亚山脉以及苏格兰的高地具有相似的地质组成和构造特征，这进一步支持了大陆曾经连在一起的理论。尽管韦格纳的理论在当时遭到了一些质疑，但他所提供的证据为后来的研究奠定了基础。

（2）板块构造理论的建立

20世纪中期，板块构造理论（Plate Tectonics Theory）被提出并得到了广泛接受。该理论认为，地球的外壳由多个构造板块（tectonic plates）组成，这些板块漂浮在更为流动的地幔之上。板块的运动不仅解释了大陆的漂移，还解释了地壳的变形和地质现象的形成。板块构造理论的建立得益于海底扩张理论和地震活动的研究。科学家们发现海洋中存在着大洋中脊（mid-ocean ridges），这些地区是新海洋地壳形成的地方，海洋地壳的形成和扩张导致了大陆的分裂和移动。另一方面，地震活动的分布与板块边界的位置高度相关，地震带沿着板块的边界分布，表明这些区域存在显著的地壳运动。

板块构造理论不仅解释了大陆的漂移现象，还揭示了不同类型的板块边界，如碰撞边界、分离边界和剪切边界。这些边界的运动和相互作用形成了现代地球表面的地质特征，如山脉、火山和地震带。

（3）板块的运动与大陆漂移

板块构造理论的核心在于板块的相对运动，这些运动主要包括碰撞、分离和剪切三种形式。这些板块运动导致了大陆的漂移、海洋的形成、山脉的隆起以及地震和火山活动等地质现象。当两个板块相撞时,较重的海洋板块通常会被俯冲到较轻的大陆板块之下,形成俯冲带(subduction zones)。这种碰撞不仅会导致海洋板块的沉没,还会引起大陆板块的隆起,形成山脉。例如,南美洲板块和纳斯卡板块的碰撞形成了安第斯山脉,这些山脉的形成过程伴随着强烈的地震和火山活动。当两个板块相互分离时,新的海洋地壳会在中洋脊形成。大洋中脊是全球最长的山脉系统,如大西洋中脊就是一个典型的分离板块边界。在这些区域,地幔物质上升并冷却,形成新的海洋地壳。分离板块的过程导致了海洋的扩张和大陆的远离,例如,大西洋的扩张使得美洲板块与欧亚板块和非洲板块的距离逐渐增大。当两个板块沿着水平断层相对滑动时,会形成剪切带(transform faults)。这种剪切作用会引发地震,如圣安德烈亚斯断层就是一个典型的剪切板块边界。这些剪切带通常不会形成山脉或火山,但它们是地震活动的主要来源。

(4)大陆漂移与海洋扩张

大陆漂移与海洋扩张密切相关。随着板块的分离,新海洋地壳在大洋中脊形成,海洋面积不断扩大。这种扩张过程导致了大陆之间的距离增加,形成了现代的海洋盆地。例如,大西洋的扩张是由于美洲板块与欧亚板块和非洲板块的分离所致。随着海洋地壳的形成和扩张,大陆之间的距离逐渐增大,现代的海洋盆地,如大西洋、印度洋和太平洋,是大陆漂移和海洋扩张的直接结果。

在大陆漂移和海洋扩张的过程中,海洋盆地的形成也对气候和生物圈产生了影响。例如,大西洋的扩张导致了南美洲和非洲的分裂,进而影响了全球气候系统和海洋环流模式。此外,海洋扩张还对生物的迁移和进化产生了影响,使得不同大陆上的生物群体发生了隔离和演化。

(5)地壳的再循环与地质活动

地壳在地球内部的物质循环中扮演了重要角色。地壳的物质通过俯冲带沉入地幔,在地幔中经历再熔融、分化和再循环。这个过程形成了新的地壳物质,并推动了地质活动的持续进行。俯冲带是地壳物质再循环的重要区域,在这些区域,海洋板块沉入地幔后发生熔融,形成了新的地幔物质,并促使地幔的上升和新地壳的形成。例如,环太平洋火山带就是由于地壳物质的不断再循环和火山活动形成的。在这个区域,俯冲带的存在导致了大量的火山活动和地震,这些地质活动不断塑造着地球的表面。地壳的再循环不仅影响了地质活动,还对地球的热量平衡和地壳物质的分布产生了重要影响。

3. 山脉、海洋与盆地的形成过程

(1)山脉的形成

山脉的形成是地球表面变形的一个重要结果,主要由板块运动引起。山脉按形成原因主要可分为三种主要类型,分别是褶皱山脉、断层山脉和火山山脉。

褶皱山脉形成的主要原因是板块碰撞引起的地壳压缩。当两个大陆板块相撞时,它们的边缘部分受到挤压,地壳的岩层会被弯曲和褶皱,形成褶皱山脉。这种类型的山脉通常具有复杂的地质结构和显著的褶皱特征。褶皱山脉的形成通常伴随着强烈的地震和火山活动。例如,喜马拉雅山脉就是由于印度板块与欧亚板块的碰撞形成的。在这个过程中,原本平坦的沉积岩层被挤压形成了褶皱,逐渐隆起成为世界上最高的山脉。类似地,阿尔卑斯山脉也是由欧洲板块和非洲板块碰撞形成的,其褶皱山体展示了复杂的地质构造和丰富的地质历史。

断层山脉的形成主要由于地壳的断裂和错动。当地壳受到拉伸或压缩作用时,地壳的岩层会沿着断层线发生错动,形成断层山脉。在这种过程中,地壳的上升和下沉会造成地表的山脉和低洼区域。例如,落基山脉就是一个典型的断层山脉,其形成过程中涉及地壳的断裂和高地的抬升。落基山脉的形成与西部地壳的拉伸以及东部地壳的沉降密切相关,这一过程产生了巨大的断层和高耸的山脉。

火山山脉的形成与火山活动密切相关。当板块运动导致地壳破裂时,熔融的岩浆会从地幔上升到地表,喷出形成火山山脉。这些山脉通常沿着板块边界或火山活动带分布。例如,阿留申群岛就是由于火山活动形成的山脉系统。这些岛屿位于太平洋板块与北美板块的边界区域,板块俯冲导致了熔岩的喷发和火山岛的形成。类似地,夏威夷群岛也是由于地幔柱活动形成的火山山脉,这些岛屿的形成与板块的移动关系密切,但由于地幔柱的热量集中,火山活动的持续性造成了岛屿的不断生成。

（2）海洋的形成

海洋的形成与大陆漂移、板块构造密切相关。海洋的形成过程主要包括海洋扩张和俯冲带的形成。海洋扩张是指两个板块分离时,新海洋地壳在大洋中脊形成,海洋面积不断扩大。这一过程通常发生在海洋中脊,这是全球最长的山脉系统。在这些区域,地幔的物质上升并冷却,形成新的海洋地壳。例如,大西洋的形成就是由于美洲板块与欧亚板块、非洲板块的分离所致。随着大西洋中脊的扩张,美洲大陆和欧洲、非洲大陆之间的距离逐渐增加,形成了现今的广阔大西洋。类似地,印度洋的形成也与印度板块与非洲板块的分离有关,海洋扩张导致了印度洋的形成和不断扩张。俯冲带是指一个板块被迫沉入另一个板块之下的区域,这通常发生在海洋板块与大陆板块或两个海洋板块之间的碰撞区域。在俯冲带,沉降的板块会形成深海沟(trenches)和弧形岛屿(arc islands)。例如,马里亚纳海沟就是一个典型的俯冲带,其形成是由于太平洋板块俯冲到马里亚纳板块之下。这一过程导致了海沟的深陷以及火山弧的形成,例如,马里亚纳群岛就是由此形成的火山岛弧。这些区域不仅具有深海沟,还伴随着剧烈的地震和火山活动。

（3）盆地的形成

盆地的形成主要与地壳的下沉、褶皱和断裂有关。盆地的形成可以通过沉降、褶皱和断裂等过程来解释。沉降盆地（sedimentary basins）形成于地壳的下沉区域。这些盆地通常是地壳张力或沉降作用的结果，例如，大盆地（Great Basin）就是一个典型的沉降盆地。大盆地位于美国西部，主要由地壳的沉降和断裂作用形成。地壳的沉降使得该地区的地形相对低洼，并形成了广阔的沉积物层，这些沉积物来自周边地区的侵蚀和沉积过程。沉降盆地的形成常常伴随着长期的沉积作用，形成了丰富的沉积岩层。褶皱和断裂作用也会导致盆地的形成。在地壳褶皱区域，褶皱的下凹部分通常会形成盆地。例如，密歇根盆地就是由于地壳的褶皱和断裂作用形成的。密歇根盆地位于美国中西部，是一个大型的沉积盆地，其形成与古代地壳褶皱和断裂有关。褶皱和断裂作用使得盆地区域相对低洼，形成了现代的沉积环境，并影响了该地区的地质历史和资源分布。

第三节 地层化石与生物进化

一、地层学基础

1. 地层的形成过程与类型

（1）地层的定义与基本概念

地层是地球地壳中的一个岩层单元，其形成是岩石在沉积环境中逐渐积累的结果。地层具有一定的厚度、横向连续性，并通常展现出特定的岩石特征。每个地层记录了地质历史中的某一特定时期的沉积环境、地质事件及生物活动。

（2）地层的形成过程

地层的形成主要经过以下几个步骤。首先是沉积物的沉积。地层的形成首先需要沉积物的沉积。这些沉积物可以由风、流水、冰川或生物活动带到沉积环境中。沉积物在沉积环境中按颗粒大小、成分和沉积速率等条件逐层积累。例如，河流沉积环境中，较粗的沙粒会先沉积下来，而细小的黏土粒子则沉积在上层。其次是压实和胶结。沉积物在沉积过程中会受到外界压力，造成其体积逐渐减少，即压实。沉积物中的矿物质也会在沉积物间隙中沉淀，形成胶结物，使得沉积物变为坚硬的岩石，这个过程称为胶结作用。第三是固结成岩作用。随着沉积物的进一步压实和胶结，地层逐渐转变为固态岩石。地层的厚度和连续性受到沉积速率、地壳运动以及其他地质因素的影响。

（3）地层的类型

根据地层的形成环境和岩石组成,地层可以分为沉积岩地层、火成岩地层和变质岩地层等三种类型。沉积岩地层是最常见的地层类型,包括砂岩、页岩、石灰岩等。这些地层由沉积物通过压实和胶结作用形成。沉积岩地层通常记录了古代环境的变化,如湖泊、河流、海洋等沉积环境。火成岩地层由熔融岩浆冷却固化形成,如玄武岩、花岗岩等。火成岩地层的形成与火山活动有关,通常表现为结晶结构。变质岩地层由已有的沉积岩或火成岩在高温高压条件下变质形成,如片麻岩、板岩等。变质岩地层记录了地壳的变质作用和构造变动。

2. 地层划分与对比方法

（1）地层划分

地层的划分是根据岩石的物理和化学特征以及沉积环境进行的。常用的划分标准包括岩石类型、沉积环境和年代特征。岩石类型根据岩石的矿物组成、结构和颜色来划分,如砂岩层、页岩层、石灰岩层等。沉积环境根据地层的沉积环境来划分,如河流沉积层、海洋沉积层、湖泊沉积层等。年代特征根据放射性同位素测年或化石年代测定的结果来划分,如古生代、显生宙等。

（2）地层对比方法

地层对比是通过比较不同地区的地层,以确定它们是否属于同一沉积事件或地质时期。主要方法包括岩石对比法、化石对比法和地层学原理。岩石对比法通过比较地层的岩石特征、沉积序列和结构来对比不同地区的地层。这种方法适用于地层岩石特征相似的区域。化石对比法利用地层中的化石群体进行对比,通过化石的相似性来确定地层的年代和对比关系。化石对比法基于生物的演化规律和地层的时代特征,是一种重要的地层对比方法。地层学原理包括层序原理(即地层的叠加关系)、叠加原理(即较年轻的地层叠加在较老的地层上)、横向连续原理(即地层在横向上具有一定的连续性)等。这些原理帮助确定地层的时代、顺序和对比关系。

3. 地质时间尺度与地质年代划分

（1）地质时间尺度

地质时间尺度是对地球历史进行时间划分的系统。它将地球的历史分为若干个地质年代、地质时期和地质阶段,以建立地球的历史框架。地质时间尺度包括以下几个主要单位。地球形成初期(约 45 亿年前至 35 亿年前):地球早期经历了剧烈的地壳活动和熔融阶段,形成了最古老的地壳和初步的地球内部结构。这一阶段包括原生代。古生代(约5.4亿年前至2.5亿年前):古生代是地球历史上的一个重要时期,包括寒武纪、奥陶纪、志留纪、泥盆纪、石炭纪、二叠纪。在这一时期,生命的多样性迅速增加,出现了大量的海洋生物和陆地植物。中生代(约2.5亿年前至6 600万年前):中生代包括三叠纪、侏罗纪和白垩纪,是恐龙繁盛的时期,同时也见证了哺乳动物和鸟类的出现。新生代(约6 600万年前至今):新生代包括古新世、始新世、中新世、上新世、更新世和全新世。在这一时期,哺乳动物和鸟类进一步进化,人类也开始出现和发展。

(2) 地质年代划分

地质年代的划分主要依据地层中化石的分布、岩石的特征以及放射性同位素测年结果。主要的年代划分方法包括化石年代学、放射性同位素测年和地层学与年代学结合的划分方法。化石年代学通过研究地层中化石的分布和演化历史,确定地层的年代。化石年代学为地层的划分和对比提供了重要依据。放射性同位素测年利用放射性同位素的衰变规律测定岩石和化石的年代。常用的同位素测年方法包括铀铅测年、钾氩测年、碳14测年等。地层学与年代学结合的方法是通过将地层学的研究结果与放射性同位素测年结果结合,建立更为准确的地质年代框架。

二、化石的形成与保存

1. 化石形成的条件与过程

(1) 化石的定义与重要性

化石是指古代生物遗体或生物活动遗迹在地质过程中被保存下来的物质证据。这些遗体和遗迹包括骨骼、壳体、牙齿、植物印痕、足迹、排泄物等。化石不仅是古生物学研究的基础,为研究古代生物的形态、生活环境和演化历史提供了关键资料,而且对了解古代生态系统、地质变化及环境演变有着不可或缺的作用。通过化石,科学家可以重建古代生态环境,探索生命的进化历程,并揭示地球历史上的重大事件。

(2) 化石形成的基本条件

化石的形成需要满足以下几个基本条件。首先是快速埋藏,生物遗体或其遗迹需要在沉积物中迅速埋藏,以防止其在暴露环境中被破坏。快速埋藏可以防止生物体因腐败、侵蚀或捕食而消失。这通常发生在沉积环境中,如河流、湖泊、海洋的沉积层中。其次是缺乏氧气环境,化石化过程通常发生在缺氧环境中,以减少有机物的腐败。缺氧环境可以抑制分解微生物的活动,使得生物遗体能够更好地保存下来。这种环境常见于深海沉积、沼泽或湖泊底部等低氧区域。第三是适当的化学环境,化石形成需要适当的化学条件,尤其是沉积物中的矿物质要能够与有机物反应,促进化石的形成。矿物质如硅酸盐、碳酸盐、铁氧化物等可以与有机物发生化学反应,形成矿化化石。第四是稳定的温度与压力,长期的稳定温度和压力条件有助于化石的保存和矿化过程。高温和高压条件下,生物遗体的化学成分能够与周围的沉积物更好地结合,从而形成化石。

(3) 化石形成的过程

化石的形成是一个复杂且漫长的过程,涉及多个地质阶段和化学反应。化石不仅提供了地球历史的证据,还为古生物学家揭示了古代生命的演化历程。化石形成的过程通常可以分为四个主要阶段:埋藏、矿化、固化以及发现与暴露。

化石形成的第一步是生物遗体的埋藏。生物遗体(如植物、动物或微生物)在沉积物中迅速埋藏是化石化的关键。这种埋藏通常发生在沉积物的沉积过程中,如河流沉积、湖泊沉积、风化沉积或火山灰沉积等环境中。沉积物的沉积速度和厚度对埋藏过程至关重要。在埋藏过程中,生物遗体被沉积物覆盖,这些沉积物可以是泥沙、沙粒、火山灰或其他类型的沉积物。这种覆盖层可以有效地阻隔氧气和微生物,减少生物遗体的腐败和分解。沉积物的覆盖还可以保护生物遗体免受环境因素(如风化、侵蚀)和生物活动(如食腐动物)的影响。因此,迅速埋藏有助于保存生物遗体,为后续的矿化过程奠定基础。

随着时间的推移,埋藏层不断增加,沉积物对生物遗体的压力也逐渐增大。这一过程中,生物遗体会经历矿化作用。矿化是指沉积物中的矿物质逐渐渗入生物遗体的细胞和组织中,取代原有的有机物质,形成矿化化石。矿化作用包括矿物质的沉积、有机物质的替代和矿物质进入生物遗体的细胞和组织中,逐渐取代原有的有机物质。这个过程可以使遗体保持其原有的形状和结构,但其化学成分已经被矿物质取代。在埋藏层中,矿物质(如碳酸钙、硅酸盐、磷酸盐等)溶解在地下水中。随着水流的移动,这些矿物质逐渐沉积到生物遗体中。矿物质进入生物遗体的细胞和组织中,逐渐取代原有的有机物质。这个过程可以使遗体保持其原有的形状和结构,但其化学成分已经被矿物质取代。随着矿物质的逐渐填充和替代,生物遗体的硬组织(如骨骼、壳体)会形成稳定的矿化化石。这一过程通常需要数千到数百万年的时间,取决于环境条件和沉积物的性质。

矿化后的化石在地壳中继续稳定存在。虽然矿化过程已经完成,化石在其后的地质历史中可能会经历一些变化,如变质、侵蚀或再次沉积。这些变化可能会影响化石的保存状态,但它们通常不会显著改变化石的基本结构和形态。在地质活动中,如板块运动和火山活动,化石可能会经历变质。这种变质通常会导致矿物质的重新结晶,从而改变化石的外观和结构。地壳表面的风化和侵蚀过程可能会影响化石的保存状态。侵蚀作用可能会导致化石的破碎或磨损,但在一些情况下,也可能暴露出化石的部分或完整遗体。化石在地质活动中可能会被再次沉积到新的地层中。这种再沉积可以保护化石免受进一步的侵蚀,同时也可能导致化石的位置和埋藏深度的改变。

最终,化石可能会通过地壳的抬升、侵蚀等地质过程暴露在地表,成为古生物学研究的对象。这一过程通常包括地壳的抬升、侵蚀与风化、科学发现等几个步骤。地壳运动和地质构造的变化可能会导致沉积层的抬升,使埋藏的化石暴露在地表。这种抬升可以是由于板块运动、地震或火山活动引起的。风化和侵蚀过程可能会进一步暴露化石。这些自然过程可以逐渐去除覆盖层,使埋藏的化石显露出来。一旦化石暴露在地表,科学家们可以进行挖掘和研究,获取有关古代生物和环境的信息。通过详细的化石分析,古生物学家可以了解古生物的形态、生活环境以及演化历程。

2. 化石的分类

(1) 根据化石的保存形式和成因

化石可以根据其保存形式和成因进行分类,主要包括以下几种类型体化石、印痕化石、化石化学物质和微体化石等类型。体化石是保存了古代生物的实际形态和结构的化石。体化石包括骨骼化石、壳体化石、植物遗体化石等。这些化石通常保留了生物体的硬组织,如骨头、壳体或木质组织。例如,恐龙骨骼化石、贝壳化石和木化石都是体化石的典型代表。印痕化石记录了生物体在沉积物表面的活动痕迹,而非生物体本身。这包括足迹化石、爬行痕迹、食痕等。例如,恐龙足迹化石记录了恐龙的活动路径,提供了关于其行为和生活环境的重要信息。一些生物的化学成分在沉积过程中被保存下来,形成化石化学物质。这包括化石油脂、化石树脂(如琥珀)等。这些化石化学物质能够提供关于生物体的化学组成和古代环境的信息。微体化石包括微小的化石,如单细胞生物的化石、微藻化石等。尽管这些化石体积较小,但它们在古环境和古生物研究中具有重要作用。

(2) 根据化石的保存状态和特征

根据化石的保存状态和特征,化石可分为矿化化石、模铸化石和压实化石三种类型。矿化化石是最常见的化石类型,通过矿化作用形成。这些化石包括石化的骨骼、壳体等,通常具有矿物质的替代物质。模铸化石是由生物遗体留下的印模与周围沉积物形成的化石。这些化石包括生物体的外部形态,如贝壳、植物叶片等。压实化石是由生物遗体在沉积物中被压实形成的。这类化石通常是生物体的二维印模,如植物叶片的压实化石。

3. 化石记录的局限性与研究方法

(1) 化石记录的局限性

尽管化石提供了大量有关古代生物和环境的信息,但化石记录仍然存在一定的局限性,如不完全记录、选择性保存、变质和损失以及环境偏差等。化石记录常常是不完全的,许多生物体在沉积过程中没有留下化石。尤其是软体生物、微小生物和在特定环境下生物的化石保存较少。化石化过程偏好保存某些类型的生物体,而对其他类型的生物体保存较少。例如,硬体生物(如骨骼和壳体)更容易保存,而软体生物(如皮肤、器官)较难保存。在地质活动过程中,化石可能会经历变质、侵蚀和化学破坏。这些过程可能导致化石的原始特征被改变或丢失。化石记录受沉积环境的影响,可能不完全反映古代生态系统的实际情况。

（2）化石研究方法

为了克服化石记录的局限性,科学家使用化石分类学、同位素分析、古生态学、古气候学、三维重建技术等多种研究方法来获取有关古代生物和环境的信息。化石分类学通过对化石的形态、结构和分类特征进行详细研究,科学家可以确定化石的分类和生物学位置。化石分类学帮助重建古代生物的分类系统和演化关系。同位素分析通过分析化石中的同位素组成,科学家可以获取有关古代环境、气候和生物体代谢的信息。例如,碳同位素分析可以揭示古代植物的生长环境和气候变化。古生态学通过研究化石的生态特征和分布,科学家可以重建古代生态系统的结构和功能。古生态学包括对古代植物群落、动物群落和食物链的研究。古气候学通过分析化石记录中的气候指标,如温度、降水量和气候变化,科学家可以了解古代气候变化及其对生物和环境的影响。三维重建技术是利用现代科技,如 CT 扫描和三维建模,用于重建化石的三维结构,提供更详细的生物形态和功能信息。

三、化石与地壳演化

1. 化石在地层中的分布特征

（1）化石的地层分布

化石的地层分布与其形成时代和沉积环境密切相关。这种分布特征可以为地层的年代划分和古生物的演化研究提供重要依据。地层年龄排序原则是指化石的地层分布遵循一定的地层年龄排序原则,即较老的地层中出现的化石通常代表古老的生物,而较新的地层则代表新近的生物。例如,在古生代的地层中,我们可以发现大量的古代海洋生物化石,如三叶虫和腕足动物。这些生物的化石反映了古生代的海洋生态系统。中生代地层则包含了恐龙化石,这些化石揭示了中生代的陆生生态环境。通过对不同地层化石的研究,古生物学家能够建立起详细的地层年代体系,从而追溯生物体的演化历程。地层与化石的匹配原则是指不同地层中的化石通常与其沉积环境和生物群落的变化密切相关。例如,石炭纪的地层中发现了大量的植物化石,这表明在这一时期地球上存在广泛的植物群落。通过对化石的匹配研究,科学家能够确定地层的地质年代,并进一步了解当时的环境条件和生物群体。

（2）化石的生态分布

化石在不同沉积环境中的分布特征可以反映古代生态系统的变化。不同类型的化石能够指示出古代生态环境的不同。例如,大量的珊瑚化石通常表明该区域曾经是古代的珊瑚礁环境。珊瑚礁是由珊瑚虫和其他海洋生物构成的复杂生态系统,其存在可以反映出温暖的浅海环境。植物化石的存在则可能表明古代陆地生态系统的特征,如古代森林或草原环境。通过对化石群落的研究,科学家可以重建古代生态系统的结构和功能,从而了解古环境的变化过程。

研究不同沉积环境中的化石群落可以帮助科学家重建古代生态系统的结构。例如,在某些地层中发现的大量鱼类化石和植物化石可能表明该区域曾经是古代湖泊或湿地环境。这种重建可以提供有关古代生物多样性、生态系统功能和生物群落演变的重要信息。

（3）化石的空间分布

化石在地层中的空间分布特征有时会受到地壳运动和沉积过程的影响。地壳的褶皱、断裂和抬升可能导致化石的空间分布发生变化。地壳运动会引起地层的变形,使得原本连续的地层被切割成不规则的块状,从而影响化石的空间分布。例如,地壳的褶皱和断裂可能导致化石的竖直分布发生错位,使得相同地层中的化石在不同位置出现。这种变形对化石的分布特征产生影响,从而改变了古生物的空间分布模式。沉积过程中的变化也可能影响化石的空间分布。例如,沉积物的不同类型和沉积速率可以导致化石的分布不均匀。科学家通过分析化石在不同地层和不同地理位置的分布情况,能够揭示地壳变动对古生物分布的影响,进而了解地质历史中的地壳运动和沉积过程。

（4）化石与沉积速率

化石在地层中的分布与沉积速率有密切关系。沉积速率较快的区域通常会保留更多的化石记录,因为沉积物的快速积累有助于保护和保存化石。然而,沉积速率较慢或沉积过程不连续的区域可能导致化石的缺失或不完整。沉积速率的变化可以影响化石的保存条件,从而影响化石记录的完整性和丰富性。通过研究化石的分布情况,科学家可以推断古代沉积速率的变化情况。沉积速率的变化可能与地质环境的变化有关,例如气候变化、海平面波动和地壳运动等。化石记录的完整性和丰富性可以为古代沉积速率和沉积环境的变化提供重要的证据。

2. 化石记录与地质事件

（1）冰期

冰期是地球历史上气候变冷、冰川扩张的时期。冰期对地球生态系统产生了深远的影响。冰川的扩张导致了大量生物栖息地的丧失和迁徙。例如，北半球的冰川覆盖了大量的陆地，改变了生物的分布和演化轨迹。化石记录中的冰期特征，如冰川侵蚀的痕迹和冰期动植物的化石，能够揭示冰期对古生态系统的影响。冰期的生物往往表现出特定的适应特征，如厚实的皮毛、体型的变化和迁徙行为。这些适应特征可以通过化石记录中的生物体形态和结构变化得到揭示。例如，冰期动物如猛犸象和巨型地懒的化石显示了其适应寒冷气候的生理特征。冰期的环境剧变也可能导致了大量生物的灭绝。通过分析冰期的化石记录，科学家可以研究这些生物灭绝的原因和过程，并了解冰期对古生物群落的影响。

（2）海侵

海侵是指海洋水位上升，侵入陆地的过程。海侵对古代生物和环境产生了显著影响，化石记录中包含了有关海侵的许多信息。海侵事件通常在地层中留下明显的沉积标志，如海相沉积物（如石灰岩、页岩）和海洋生物化石（如贝壳、珊瑚）。这些标志可以帮助科学家识别海侵事件的发生时间和规模。海侵事件导致了陆地生态系统的改变，新的海洋生物种类进入陆地地区，同时，原有的陆地生物可能面临生存挑战。通过分析化石记录中的海洋生物和陆地生物，科学家可以重建海侵对古代生态系统的影响。海侵事件往往与地壳运动有关，如海平面上升和大陆架的沉降。化石记录中的海侵事件可以帮助科学家研究地壳运动对海洋和陆地环境的影响。

3. 化石指示地壳运动与古环境变化

（1）化石指示地壳运动

化石记录能够揭示地壳构造的变化，包括地壳的褶皱、断裂和抬升等地质活动。例如，地层中发现的化石分布可以反映地壳运动的过程。地壳的褶皱和断裂带通常会影响化石的分布和排列，显示出这些区域的地壳运动历史。在褶皱带和断裂带中，化石的排列和分布可能会出现明显的变化。例如，褶皱带中的化石可能会因地壳的挤压和弯曲而被重新排列。断裂带中的化石分布可能会因断裂的移动而产生错位。这些变化可以提供关于地壳运动的直接证据，帮助科学家重建古代地壳运动的历史。

地壳运动会影响沉积环境的变化，从而改变化石的分布。地壳运动可能导致地形的剧烈变化，例如，山脉的隆起或沉降，这会改变沉积环境的类型。从浅海环境转变为深海环境、从陆地环境转变为湖泊环境等,都可以通过化石记录中的生物群落和沉积物类型得到揭示。

通过对不同地层中化石的研究,科学家能够确定地壳运动的时间尺度和变化速率。例如,通过分析地层中不同时间段的化石记录,可以推断地壳运动的发生频率和强度。科学家利用化石的地层分布,建立地壳运动的时间序列。例如,发现某一时期的化石在地层中发生了显著的变化,这可能与地壳运动有关。通过比较不同地层中的化石记录,科学家可以推断地壳运动的频率和强度,了解地壳运动的历史。

地壳运动还会影响沉积速率。沉积速率的变化会影响化石的保存条件和分布。例如,地壳运动导致沉积速率加快的区域,通常会保留更多的化石记录。这些记录可以帮助科学家了解地壳运动对沉积环境和沉积速率的影响。

(2) 化石指示古环境变化

化石记录能够提供古代气候变化的信息。通过分析化石中的温度指标、降水量和气候模式,科学家可以重建古气候的变化过程。化石中的气候指标可以揭示古代冰期、干旱期和湿润期的变化。例如,某些植物化石的出现可能表明古代气候的温暖或湿润,而其他化石可能指示寒冷或干燥的气候条件。通过对这些气候指标的研究,科学家可以重建古代气候的变化过程,并了解气候变化对生物的影响。通过对化石中的气候指标进行综合分析,科学家能够重建古代气候的演变。例如,通过分析化石中的氧同位素比率,科学家可以推断古代气候的温度变化。这些信息对于了解古代气候变化的原因和影响具有重要意义。化石记录中的生物群落和沉积物类型能够反映古代环境的变化。例如,植物化石的出现可以指示古代陆地环境的变化,而海洋生物化石的变化则可以反映古代海洋环境的变化。化石中的生物群落可以反映古代环境的变化。例如,陆地植物的出现可能反映古代森林的形成,而海洋生物的变化可能反映古代海洋的变迁。通过对化石群落的研究,科学家可以了解古代生态系统的演变过程。沉积物类型的变化也能反映古环境的变化。例如,在某些地层中发现的沉积物类型可以揭示古代环境的变化,如从砂岩到页岩的变化可能指示古代环境的湿润或干燥。

古环境的变化对生物的演化产生了深远的影响。化石记录中的生物演化特征能够反映古环境的变化过程。生物的适应特征和演化趋势可以揭示古环境的变化对生物群落的影响。例如,某些生物的适应特征可能反映了古代环境的变化,如生物的体型、形态和功能的变化。这些适应特征可以帮助科学家了解古环境的变化对生物群落的影响。化石记录中的生物进化趋势可以揭示古环境的变化。例如,某些生物群落的演化过程可能与古环境的变化密切相关,如生物的演化趋势可能反映了古代气候的变化。

四、化石与生物进化

1. 化石记录的生物进化证据

（1）化石记录中的形态变化

化石记录展示了生物体在地质时间尺度上的形态变化,这些变化提供了生物进化的直接证据。例如,通过对古生物化石的比较研究,科学家可以追踪到物种的演化过程。一个经典的例子是马科化石记录,这些化石显示了马科动物从小型、三趾的早期祖先逐步演化为现代的、大型、单趾的马。化石记录中形态的渐变与过渡形态的发现（如古马化石与现代马化石之间的中间形式）为生物进化提供了有力证据。

（2）化石记录中的过渡物种

过渡物种化石记录为生物进化过程中的中间阶段提供了证据。这些过渡物种显示了从一种生物形态到另一种形态的演变。例如,鱼类与两栖动物之间的过渡物种——鱼足鱼（Tiktaalik）化石,揭示了鱼类向陆地动物过渡的关键适应特征,如四足和呼吸系统的初步演化。过渡物种化石的发现验证了进化过程中的渐变与逐步演化的理论。

（3）化石记录中的生物多样性变化

化石记录还揭示了古代生物多样性的变化,包括物种的出现、繁盛和灭绝。通过分析不同地层中的化石群落,科学家能够研究生物多样性的历史演变。例如,古生代时期的化石记录显示了无脊椎动物的迅猛发展,而在中生代和新生代期间,脊椎动物和被子植物的多样性显著增加。这些变化与环境条件的变化、生态系统的演变以及生物之间的相互作用有关。

（4）化石记录中的遗传变化

化石记录不仅显示了形态上的变化,还可以提供关于遗传变化的信息。例如,某些化石群体中的遗传特征与现代生物体中的遗传特征的比较,可以揭示遗传变异的模式。通过对化石化学成分的分析（如骨骼中的同位素组成）,科学家可以获得关于古代生物的生态习性和生理适应的信息,从而进一步理解遗传变异与生物进化的关系。

2. 生物大灭绝事件与化石证据

（1）三叶虫大灭绝（奥陶纪末期）

奥陶纪末期的大灭绝事件发生在约4.4亿年前,是地球历史上最早的大灭绝事件之一。这一事件主要影响了海洋生物,导致了大量海洋无脊椎动物的灭绝。化石记录显示,这一时期的三叶虫、腕足动物和菊石等生物的化石数量急剧减少。

三叶虫是奥陶纪海洋生态系统中的重要组成部分。化石记录显示,在奥陶纪末期,三叶虫的多样性显著下降,很多三叶虫种类在这一事件中灭绝。这些化石的减少反映了当时海洋生态系统的剧烈变化。除了三叶虫,腕足动物和菊石等生物的化石数量也在奥陶纪末期减少。这些生物的消失说明了这一事件对海洋生态系统的全面影响。奥陶纪末期的灭绝事件与全球冰期有关。全球气温下降导致了冰盖的扩展和海平面的下降,这可能导致了海洋生境的改变,进而影响了海洋生物的生存。除了冰期,气候变化也是导致这一灭绝事件的重要因素。气候变化可能导致了海洋温度的剧烈波动,进一步影响了海洋生物的分布和生存条件。

(2)二叠纪三叠纪大灭绝

二叠纪三叠纪大灭绝发生在约 2.5 亿年前,是地球历史上最大的生物灭绝事件之一。此事件标志着二叠纪与三叠纪之间的过渡,导致了约 90% 的海洋物种和 70% 的陆地物种的灭绝。化石记录显示了这一事件的深远影响。二叠纪三叠纪大灭绝期间,海洋中许多主要的生物群落消失,如辐射虫和菊石等。化石记录中显示,这些生物种类的消失导致了海洋生态系统的重大重组。在陆地上,许多植物和早期的爬行动物也在这一事件中灭绝。这一时期的化石记录显示,二叠纪的植被被大量取代,陆地生态系统经历了严重的变化。二叠纪三叠纪大灭绝与全球气候变化密切相关。气候剧烈波动和温度的升高可能导致了生态系统的崩溃。二叠纪末期的火山活动可能是灭绝的另一个原因。大规模的火山喷发释放了大量的火山灰和气体,导致气候变化和环境破坏。虽然陨石撞击被认为是对这一灭绝事件的潜在原因之一,但证据尚不完全。科学家仍在继续研究陨石撞击是否在这一事件中发挥了作用。

(3)白垩纪第三纪大灭绝

白垩纪第三纪大灭绝发生在约 6 600 万年前,标志着恐龙的灭绝以及哺乳动物的崛起。化石记录显示,恐龙及其他大量生物在这一事件中灭绝,对地球生物演化产生了深远的影响。白垩纪第三纪大灭绝的化石记录显示,恐龙的化石突然消失。这一事件的证据包括恐龙化石的急剧减少和突然消失,表明这一时期的生物灭绝是广泛和迅速的。除了恐龙,大量的海洋生物和陆地植物也在这一事件中灭绝。这些化石记录显示了白垩纪第三纪大灭绝对生态系统的全面影响。陨石撞击是白垩纪第三纪大灭绝的主要原因之一。科学家发现了位于墨西哥尤卡坦半岛的希克苏鲁伯陨石坑,这一撞击被认为是导致大规模生物灭绝的主要因素。撞击释放的尘埃和气体可能导致了全球气候的急剧变化。火山活动也是导致白垩纪第三纪大灭绝的重要原因之一。印度德干高原的大规模火山喷发可能释放了大量的气体和灰尘,导致气候变化和环境破坏。气候变化也是白垩纪第三纪大灭绝的重要因素之一。陨石撞击和火山活动引起的气候波动可能导致了生物栖息地的破坏和生态系统的崩溃。

（4）大灭绝事件的生态影响

生物大灭绝事件对生态系统的影响是深远的，包括生态位的空缺、新物种的出现和生物群落的重组。化石记录提供了有关这些影响的宝贵信息，帮助科学家理解灭绝事件后的生物复苏和演化过程。大灭绝事件通常导致生态系统中的生物群落发生剧烈变化。大量物种的消失留下了生态位的空缺，这为新物种的出现提供了机会。在大灭绝事件之后，生态系统中的生态位会发生重组。新的生物群落会填补这些空缺，形成新的生态平衡。例如，恐龙的灭绝为哺乳动物的崛起提供了机会，导致了哺乳动物群落的迅速发展。大灭绝事件后的生物复苏过程通常伴随着新物种的出现。这些新物种在生态系统中占据新的生态位，形成新的生物群落。灭绝事件后的生物复苏和演化过程为生物进化提供了新的机会。新物种的出现和演化趋势可以揭示生物在灭绝事件后的适应和进化过程。大灭绝事件后的生物群落重组通常导致生态系统的重建。新的生物群落和生态系统的形成，反映了生物多样性和生态平衡的变化。

3. 古生物学在进化研究中的作用

（1）古生物学揭示了生物演化的历史

古生物学通过对化石的研究揭示了生物演化的历史过程。化石记录中的形态变化、过渡物种和生物多样性变化为了解生物的演化历程提供了直接证据。古生物学家通过对化石的系统分类和比较，能够重建古代生物的演化树，并了解生物体在地质时间尺度上的演化趋势。

（2）古生物学提供了古环境变化的信息

古生物学通过研究化石记录中的生物群落和沉积环境，揭示了古代环境的变化。古生物学家能够利用化石中的气候指标和环境信息，重建古代生态系统的结构和功能，以及古代气候和环境的变化过程。这些信息对于了解生物进化与环境变化的关系具有重要意义。

（3）古生物学支持了进化理论

古生物学通过对化石记录的研究支持了达尔文进化论的核心观点，如自然选择和逐步演化。化石记录中的过渡物种、遗传变化和生物大灭绝事件等证据验证了进化理论的基本假设。古生物学家通过实证研究，进一步完善了进化理论，并解释了生物演化的复杂机制。

（4）古生物学在科学教育和普及中的作用

古生物学在科学教育和普及中发挥了重要作用。化石记录的发现和研究不仅提高了公众对地球历史和生物演化的认识，还激发了对科学探索的兴趣。古生物学的研究成果通过博物馆展览、科普书籍和教育课程等途径传播，帮助公众了解生物进化的过程和意义。

第四节　小行星撞击与生物灭绝

一、小行星与地球的关系

1. 小行星的来源与分布

（1）小行星的起源

小行星主要来源于两个区域：小行星带和近地小行星群。小行星带位于火星和木星之间，距太阳约 2.1 至 3.3 天文单位（AU）。这是小行星最密集的区域，包含了数十万颗小行星。小行星带的形成与早期太阳系的演化密切相关。在太阳系形成初期，太阳周围的原行星盘中，部分物质未能合并成行星，而是形成了这些较小的天体。木星的引力扰动阻碍了这些物质的进一步聚合，导致它们成为小行星带中的小行星。近地小行星是指其轨道与地球轨道接近的小行星。它们的轨道周期较短，且其轨道受到地球引力的影响较大。近地小行星主要来源于小行星带或其他小行星群体，在太阳系演化过程中，它们的轨道可能因引力扰动而变得更加靠近地球。这些小行星包括阿波罗型、阿莫尔型和阿特拉斯型小行星，它们具有较高的撞击地球的风险。

（2）小行星的分类与特征

小行星根据其轨道特征和组成成分，可以分为 C 型小行星（碳质小行星）、S 型小行星（硅质小行星）和 M 型小行星（镍铁小行星）。C 型小行星富含碳和有机物质，主要由碳化合物、黏土矿物和硅酸盐组成。这类小行星的反射率较低，表面呈暗色，代表了小行星带中最常见的类型。S 型小行星由硅酸盐矿物和金属组成，表面反射率较高，呈现较亮的颜色。这类小行星包含了大量的镍和铁，通常是小行星带中的中等大小小行星。M 型小行星主要由镍和铁构成，反射率较高，表面呈金属光泽。这些小行星的组成表明它们可能是早期太阳系中的金属核部分。

2. 小行星撞击的概率与影响

（1）小行星撞击的概率

小行星撞击地球的概率受多种因素影响，包括小行星的大小、轨道、速度以及与地球的相对位置。科学家通过对小行星轨道的观测和计算，能够估计小行星撞击地球的概率。撞击概率的计算涉及小行星的轨道动力学、地球的引力作用以及小行星的轨道演化。科学家利用计算机模拟和观测数据，分析小行星与地球的相对位置变化，并计算出撞击概率。撞击概率通常以年为单位进行估计，例如，直径为 140 米的小行星在 1 000 年内撞击地球的概率约为 1%。根据小行星的直径和轨道，撞击的频率和影响也会有所不同。较小的小行星（直径小于 25 米）撞击地球的频率较高，但它们通常不会造成严重破坏。较大的小行星（直径大于 1 千米）的撞击频率较低，但其潜在影响极为严重，可能引发全球性灾难。

（2）小行星撞击的影响

小行星撞击地球的影响取决于撞击的规模和能量。撞击事件可以导致环境变化、生物灭绝以及地质结构的改变。当小行星撞击地球时，会产生强大的冲击波，导致地面震动、气体释放和高温。冲击波会破坏地表植被、建筑物和基础设施，并可能引发地震和火灾。冲击波的强度和影响范围与小行星的大小和撞击速度有关。小行星撞击地球时，会释放大量尘埃和气体，进入地球大气层。这些尘埃和气体可能会遮蔽阳光，导致全球气候变冷。气体的释放还可能导致酸雨、臭氧层破坏等环境问题，从而影响生物的生存和生态系统的稳定。

小行星撞击引发的环境变化可能具有长期影响。例如，大规模的撞击事件可能导致全球气候骤变，改变气候带和生态系统分布，进而影响生物的演化过程。撞击事件引发的长期环境变化可能导致物种的灭绝和生态系统的重组。

二、著名的撞击事件

1. 希克苏鲁伯撞击事件与恐龙灭绝

（1）希克苏鲁伯撞击事件概述

希克苏鲁伯撞击事件发生在现在的墨西哥尤卡坦半岛，其撞击坑被称为希克苏鲁伯陨石坑（Chicxulub Crater）。这一事件的核心证据来源于该区域的地质勘探和钻探研究。希克苏鲁伯陨石坑直径约 150 千米，深度约 20 千米，形成时间约为 6 600 万年前。希克苏鲁伯陨石坑最初于 20 世纪 80 年代末被发现。研究人员在尤卡坦半岛进行地质调查时发现了一个巨大的撞击坑,其特征与撞击事件的影响相符。该坑的存在为研究恐龙灭绝提供了关键证据,并引发了广泛的科学研究和讨论。希克苏鲁伯撞击事件释放了大量的能量,相当于数百万颗原子弹的威力。撞击产生的冲击波、热辐射和火球引发了大规模的森林火灾,并释放了大量的尘埃和气体进入大气层。这些物质遮蔽了阳光,导致全球气候急剧变冷。根据研究,全球温度下降了数十摄氏度,导致了植物的广泛灭绝和食物链的崩溃,从而对恐龙和其他生物造成了灭绝威胁。恐龙的灭绝是希克苏鲁伯撞击事件的一个重要结果。恐龙灭绝的化石记录表明,在撞击事件发生后的地层中,恐龙的化石突然消失,标志着恐龙时代的结束。其他生物群体也受到了严重影响,导致了生物多样性的显著下降。

（2）撞击事件的证据

希克苏鲁伯陨石坑的存在及其特征是撞击事件的直接证据。地质勘探和钻探研究揭示了坑内的岩石结构、冲击波的破坏痕迹以及陨石坑的形成过程。撞击坑周围的地质特征,如冲击波产生的断层和喷发的岩浆,进一步支持了撞击理论。撞击事件的化学证据主要包括铱层的发现。铱是一种在地球地壳中含量稀少,但在小行星和陨石中含量较高的元素。地质样本中的铱浓度异常增高,表明小行星撞击将铱释放到地球表面。这一证据进一步支持了小行星撞击导致大灭绝的理论。撞击事件引发的气候变化是其影响的关键证据。研究表明,撞击产生的尘埃和气体遮蔽了阳光,导致全球气候急剧变冷。这一变化对植物生长和食物链造成了严重影响,进一步导致了生物的灭绝。

2. 通古斯事件与小行星撞击的证据

（1）通古斯事件概述

1908年6月30日,俄罗斯西伯利亚的通古斯河流域发生了一次剧烈的爆炸事件,称为通古斯事件。这一事件虽然没有留下明显的撞击坑,但被广泛认为是由小行星或彗星在空中爆炸引发的。这一推测为理解小行星撞击地球提供了另一重要案例。通古斯事件的爆炸在约2 000平方千米的范围内造成了广泛的破坏,摧毁了大量的森林。爆炸的冲击波和热辐射使得区域内的树木成片倒伏,并留下了明显的地面痕迹。然而,事件发生地并未发现显著的撞击坑,这暗示爆炸发生在空中,而非地表。

（2）小行星撞击的证据

通古斯事件区域的地质特征提供了进一步证据,支持空中爆炸的理论。研究人员通过对该区域的树木倒伏方向和排列模式进行分析,确定了爆炸的中心和冲击波的传播路径。此外,事件发生时的气象记录显示出异常现象,如气温变化和大气压力的波动,这些数据与爆炸时间一致,进一步验证了通古斯事件的真实性。

对通古斯事件区域的气体和尘埃样本进行分析,显示出与小行星撞击相关的元素和化学成分。这些样本中的特定元素,如铱和镍,通常与外星物质相关,提供了强有力的证据,支持通古斯事件是由小行星或彗星引发的空中爆炸。通过这些分析,科学家们进一步确认了通古斯事件的宇宙起源。

3. 其他已知的历史撞击事件

(1) 巴林杰陨石坑(Barringer Crater)

巴林杰陨石坑,亦称为"陨石坑",位于美国亚利桑那州,是一个直径约 1.2 千米、深度约 200 米的撞击坑。这个陨石坑形成于约 5 万年前,是由一个直径约 50 米的小行星或彗星撞击地球所造成的。尽管相对于希克苏鲁伯和通古斯事件,巴林杰陨石坑的影响规模较小,但它在撞击地质学中扮演了重要角色。虽然巴林杰陨石坑的规模相对较小,但它对局部环境造成了显著的破坏。撞击产生的冲击波和高温使周围地区的植被和生物受到了严重损害。地质调查发现,撞击造成的冲击波曾波及数十千米范围内的区域,产生了广泛的沉积物和火山碎屑。巴林杰陨石坑被认为是地球上保存最完好的撞击坑之一。它为科学家提供了研究小行星撞击后果的重要数据,包括撞击坑的形成机制、撞击物质的成分以及撞击事件对环境的即时影响。陨石坑的地质特征和构造为撞击事件的模拟和分析提供了丰富的信息。巴林杰陨石坑的研究和保存使公众对撞击事件的认识大大提高。作为一个地质遗址,巴林杰陨石坑吸引了大量游客和科学爱好者,促进了对撞击事件研究的兴趣和投资。

(2) 威尔逊陨石坑(Wolfe Creek Crater)

威尔逊陨石坑位于澳大利亚西部的北领地,是一个直径约 880 米的撞击坑。这个陨石坑形成于约 30 万年前,是一个中等规模的撞击事件。威尔逊陨石坑的地质特征和撞击证据为研究小行星撞击对地球环境的影响提供了重要的数据。威尔逊陨石坑的形成与撞击事件有关,撞击产生的冲击波使得周围地质层发生了剧烈变化。坑内的地层和沉积物表明,撞击造成了剧烈的地壳破坏,并产生了撞击碎屑。陨石坑的边缘和底部还保存了撞击时产生的高温变质矿物,这些矿物对于研究撞击过程和撞击物质的性质具有重要意义。威尔逊陨石坑的形成对当地环境产生了显著影响。撞击事件导致了周围区域植被的破坏,产生了大规模的沉积物和碎屑。对陨石坑及其周围区域的生态恢复研究显示,撞击事件对局部生态系统产生了持续的影响。威尔逊陨石坑为科学家提供了研究小行星撞击的实际数据,包括撞击物质的成分和撞击事件的规模。通过对陨石坑的地质调查和分析,科学家能够更好地理解撞击事件的形成机制和对环境的影响。

(3) 福克斯河事件(Fox River Event)

福克斯河事件发生在俄罗斯的西伯利亚,是一个相对较少为人知的撞击事件。约

2 000年前的福克斯河事件类似于通古斯事件,涉及空中爆炸和广泛的森林破坏。尽管福克斯河事件的具体细节尚不完全清楚,但其影响与通古斯事件具有相似的特点。福克斯河事件与通古斯事件类似,表现为空中爆炸。科学家通过对区域的地质勘查和沉积物分析,发现了与撞击相关的冲击波和高温引起的变质矿物。空中爆炸产生的冲击波导致了广泛的森林破坏和植被焚毁。福克斯河事件的地质证据包括撞击产生的碎屑和变质矿物。这些证据提供了有关撞击事件的直接证据,并有助于理解撞击对地质环境的影响。福克斯河事件的研究面临挑战,包括事件发生时间的准确确定和撞击物质的识别。科学家正在继续研究福克斯河事件,以更好地理解其对地球环境的影响。

三、小行星撞击对地球的影响

1. 撞击引发的环境变化

(1) 气候变化

当小行星撞击地球时,巨大的能量释放会导致大规模的环境灾难。其中最显著的影响之一是气候变化,这一变化过程包括多个方面。首先,撞击产生的巨大冲击力会将大量的尘埃、碎片和气态物质抛射到大气层中。这些微粒在大气中形成一个厚厚的尘埃层,遮蔽了阳光的照射。这一现象被称为"撞击冬天"(Impact Winter)。由于阳光被尘埃层阻挡,地球表面的温度会急剧下降,导致全球气候变得极度寒冷。这种寒冷期可能持续数月甚至数年,全球许多地区的生态系统将受到极大影响,许多生物无法适应骤变的环境条件,面临生存危机。

与此同时,撞击还会引发大规模的火灾,燃烧大量植被和碳质材料。这些火灾释放出大量的二氧化碳(CO_2)和甲烷(CH_4)等温室气体。这些温室气体会在大气中积累,逐渐增强地球的温室效应,导致全球气温在初期的寒冷之后开始回升。这种温度的波动可能会导致气候的不稳定,出现极端的冷热交替,这种剧烈的气候变化可能持续数千年。

通过对小行星撞击事件的气候模型研究,科学家能够模拟出这些撞击所带来的气候变化。模拟结果显示,撞击产生的尘埃和气溶胶会导致全球变冷,而温室气体的增加则可能在后期导致温度回升。这种交替变化可能与地质历史上的生物大灭绝事件相关,如6 500万年前的白垩纪末期恐龙灭绝事件。研究表明,当时发生的撞击事件可能是导致这一大规模灭绝的关键原因之一,气候的剧烈波动使得恐龙及许多其他生物无法适应,从而走向灭亡。

(2) 海平面的波动

除了气候变化,小行星撞击对海平面也会产生重大影响。撞击产生的能量不仅影响大气,还会通过冲击波传递到海洋中,引发剧烈的水体运动,导致海啸的形成。海啸是撞击事件引发的一个直接后果。随着冲击波的传递,海水被猛烈推移,形成了高达数百米的巨浪,这些巨浪迅速传播,席卷沿海地区。海啸的破坏力极大,能摧毁沿海建筑物、淹没土地,甚至改变海岸线的形态。沿海地区的生态系统如红树林、珊瑚礁等都可能在海啸的冲击下受到毁灭性打击,许多海洋生物也会因栖息地的破坏而灭绝。此外,海啸还会引发次生灾害,如污染物的扩散、土壤盐渍化等,这些都对生态环境和人类社会构成长期威胁。

小行星撞击还可能导致地壳的剧烈变形,从而引发更大范围的海平面变化。撞击产生的冲击波会导致地壳发生震动和移动,可能引发地壳的隆起或沉降。这种地壳变形不仅影响撞击地点,还可能通过地震波传递到远离撞击点的区域,导致全球范围内的地壳调整。这种调整可能导致海平面的上升或下降,对海洋和沿海生态系统造成持续的影响。例如,海平面的上升可能会导致沿海地区的淹没,影响人类居住地和农业用地,同时还会导致海洋生态系统的变化,改变物种的分布和多样性。

2. 撞击对地球生物多样性的影响

(1) 生物灭绝

撞击事件通过气候变化、海啸和生态系统的破坏对生物多样性产生直接影响。撞击引发的"撞击冬天"导致全球气温急剧下降,破坏了植物和动物的栖息地。这种破坏对食物链产生了严重影响,导致了大量物种的灭绝。希克苏鲁伯撞击事件是恐龙灭绝的主要原因之一。撞击事件导致了全球范围内的气候变化和生态系统的破坏,使恐龙和其他生物无法适应环境的剧烈变化。恐龙的灭绝标志着一个生物时代的结束,并为新的生物群体的出现创造了条件。除了恐龙,撞击事件还导致了许多其他生物群体的灭绝。植物和无脊椎动物等生物也受到了撞击事件的影响。生物多样性的减少对生态系统的稳定性和功能产生了深远的影响。

(2) 生物适应与进化

在撞击事件后,一些生物群体能够适应新的环境条件并开始进化。撞击事件后的生态空缺为新生物群体的出现创造了机会。适应能力强的物种能够在新的环境中生存并逐渐演化出新的特征。撞击事件后的生态系统需要经过长时间的重建和恢复。生物群落的重建涉及植物和动物的重新分布和演化过程。这一过程可能导致新的生态平衡和生物多样性的变化。

3. 撞击事件与地质记录的相关性

(1) 地质记录中的撞击痕迹

地质记录中的撞击坑是撞击事件的直接证据。撞击坑的存在和形态提供了撞击事件的规模和影响的信息。此外,撞击坑周围的地质特征,如冲击波造成的破坏和喷发的岩浆,也为研究撞击事件提供了重要数据。撞击事件的化学证据主要包括地层中的铱层。铱是一种在地球地壳中含量稀少,但在小行星和陨石中含量较高的元素。铱层的存在表明了小行星撞击的发生,并与撞击事件的时间一致。

(2) 生物化石记录

生物化石记录中的变化能够反映撞击事件对生物多样性的影响。撞击事件发生前后的化石记录显示了生物群体的灭绝和新物种的出现。这些变化提供了对撞击事件影响的直接证据,并帮助科学家理解生物多样性的演变过程。

撞击事件相关的生物灭绝事件能够在化石记录中找到证据。恐龙和其他生物群体的突然消失标志着撞击事件对生物多样性的重大影响。这些灭绝事件与地质记录中的撞击痕迹和化学证据相互验证。

四、生物大灭绝与环境变化

1. 生物大灭绝事件的定义与类型

(1) 生物大灭绝事件的定义

生物大灭绝(mass extinction)是指在地质时间尺度内,大量物种在较短时间内迅速灭绝的现象。这些事件通常伴随着显著的环境变化或气候波动,甚至可能与外部冲击(如小行星撞击)相关联。

大灭绝事件发生的时间跨度通常很短,这种迅速的物种消失会导致生态系统的突然和剧烈变化。这与通常的物种灭绝过程不同,后者往往是缓慢而渐进的。这些事件通常影响到地球上大量的生物物种,不仅包括各种海洋和陆生生物,也可能影响到不同的生态系统。这种广泛的影响会导致生物群落和生态系统结构的根本改变。大灭绝事件不仅仅涉及生物物种的消失,还会对生态系统的功能和稳定性产生深远影响。生态系统的服务功能,如营养循环、物质转化等,可能会受到破坏,从而影响到剩余生物的生存和发展。大灭绝事件通常导致生物多样性的显著下降。原本丰富的物种群体会遭到大量灭绝,剩余的生物物种可能会面临更多的竞争和压力,从而影响生态平衡和进化进程。

(2) 大灭绝事件的类型

地质学家根据化石记录和地层数据识别出五次主要的大灭绝事件,这些事件对地球的生物群落产生了显著的影响。每次大灭绝事件的原因和影响都各不相同。

奥陶纪志留纪灭绝(约4.4亿年前):这一事件发生在奥陶纪末期,影响了大量的海洋无脊椎动物,如三叶虫和腕足动物。研究表明,这次灭绝事件与全球范围内的冰期、海平面下降以及气候变化有关。环境的剧烈变化使得许多海洋生物无法适应,从而导致大规模灭绝。

晚泥盆纪灭绝(约3.7亿年前):晚泥盆纪灭绝事件主要影响了海洋生物和早期陆生植物。这次灭绝可能与全球气候变化、氧气水平的波动以及海洋化学成分的变化有关。这一事件标志着地球历史上一个重要的生态转折点,促进了新生物群体的出现和演化。

二叠纪三叠纪灭绝(约2.5亿年前):这是地球历史上最严重的大灭绝事件之一,影响了约90%的海洋物种和70%的陆地物种。灭绝的原因包括全球气候变化、剧烈的火山活动、海平面变化以及可能的小行星撞击。这个事件导致了生物群落的根本重组,并为三叠纪生物的进化奠定了基础。

晚白垩纪灭绝(约6 600万年前):晚白垩纪大灭绝事件最为著名,因为它导致了包括恐龙在内的许多生物群体的灭绝。研究表明,这次灭绝事件可能与小行星撞击和火山活动有关。这个事件不仅标志着恐龙的灭绝,也为哺乳动物的兴起和生物多样性的重建创造了条件。

中新世上新世灭绝(约260万年前):这一事件影响了大量的哺乳动物和鸟类,可能与气候变化、冰期的出现以及环境变迁有关。中新世上新世大灭绝事件的研究有助于了解古生物群体的演化历程和生态系统的变化。

（3）其他灭绝事件

除了上述五次主要的大灭绝事件,地球历史上还有许多次较小规模的灭绝事件,这些事件也对生物多样性和生态系统产生了影响。虽然这些灭绝事件的规模不如五次主要事件那样显著,但它们依然在局部范围内对特定的生物群体或生态系统造成了影响。

晚三叠世灭绝:发生在三叠纪晚期,这次灭绝事件对海洋生物产生了影响,尤其是对某些类群的珊瑚和海洋爬行动物。研究表明,这次灭绝可能与气候变化和海洋氧气水平的变化有关。

晚侏罗世灭绝:晚侏罗世的大灭绝事件影响了部分海洋生物群体,特别是一些古代的软体动物和鱼类。这次灭绝事件可能与气候波动和海洋环境的变化相关。

晚新生代灭绝:这一事件主要影响了地球上的大型哺乳动物,如猛犸象、巨型地懒等。这些灭绝事件与气候变化和人类活动的影响可能有关。

2. 小行星撞击与其他大灭绝成因

（1）小行星撞击的影响

小行星撞击被认为是生物大灭绝的一个重要成因,尤其在晚白垩纪灭绝事件中,撞击的影响尤为显著。约 6 600 万年前的希克苏鲁伯撞击事件被认为是导致恐龙灭绝的主要原因之一。这个事件发生在现在的墨西哥尤卡坦半岛,撞击产生了一个直径约为 180 千米的巨大陨石坑。撞击造成了极为剧烈的环境变化,包括短期的"撞击冬天"和长期的温室效应。撞击冬天是指由于撞击产生的尘埃和烟雾遮蔽了阳光,导致地球表面温度急剧下降,全球范围内的植物光合作用受到抑制,从而影响了食物链。长期的温室效应则是由于撞击释放的大量二氧化碳和其他温室气体引发了全球变暖。这些气候变化破坏了生态系统的稳定性,导致了大量物种的灭绝,包括恐龙和许多其他生物群体。

小行星撞击不仅直接造成生物群体的死亡,还引发了深刻的环境变化。这些变化包括气候波动、海洋酸化和生态系统的破坏。例如,撞击导致的气候变化和环境破坏使得许多生物无法适应新的环境条件,从而加剧了灭绝的程度。此外,撞击产生的热量和冲击波还可能导致局部的火灾,进一步对植物和动物造成影响。

（2）其他大灭绝成因

除了小行星撞击,其他因素也在不同的大灭绝事件中发挥了关键作用。火山活动是引发生物大灭绝的重要因素之一。大规模的火山喷发会释放大量的火山气体(如二氧化硫、二氧化碳)和火山灰,这些气体和灰尘会对气候产生显著影响。例如,二叠纪三叠纪灭绝事件被认为与印度玄武岩省的火山活动有关。这些火山喷发释放了大量的火山气体,导致全球气温下降,出现了"火山冬天"的现象。这种气候变冷和环境变化对生物群落造成了严重影响,并可能引发了生物多样性的急剧减少。此外,火山喷发还可能导致酸雨和土壤酸化,这进一步影响了植物和动物的生存环境。

长期的气候变化也是导致生物大灭绝的重要因素。气候变化可以导致全球变冷或变暖,从而改变栖息地的条件。例如,在晚泥盆纪和二叠纪三叠纪大灭绝事件中,气候的剧烈变化可能导致了栖息地的改变、资源的匮乏以及生物的迁移。这些变化使得许多物种无法适应新的环境条件,从而导致灭绝。气候变化还会影响海洋的温度和化学成分,例如,酸化的海洋对珊瑚礁生态系统造成了破坏,从而影响了海洋生物的生存。

海平面的波动对生物大灭绝事件的影响也不可忽视。历史上的海侵和海退事件可以显著改变沿海和浅海生态系统,导致栖息地的丧失。例如,在晚泥盆纪和二叠纪三叠纪灭绝事件中,海平面的变化可能导致了大量海洋生物栖息地的消失,进而对海洋生态系统产生了严重影响。海平面下降会暴露出大片浅海区域,改变原有的生态系统结构,导致许多物种的灭绝。

生物群体之间的相互作用也可能导致物种的灭绝。捕食、竞争和寄生等生物相互作用可以对物种的生存产生压力。例如,生物入侵和生态系统的破坏可能会对本地物种产生负面影响,并导致其灭绝。新物种的引入可能改变原有的生态平衡,导致某些本地物种的灭绝。生态系统的破坏,例如,森林砍伐和湿地消失,也会对生物的生存产生威胁。

3. 大灭绝对生物进化与生态系统的重塑

(1) 生物进化的重塑

大灭绝事件通常带来生态系统的全面重组,并为新物种的演化创造了机会。灭绝事件的发生意味着许多物种的消失和生态空缺的出现。这些空缺为幸存物种和新物种提供了进化的空间和资源,使得它们能够快速适应新的环境条件,进而推动了新的物种和生态系统的形成。例如,在二叠纪三叠纪灭绝事件后,地球上许多生物群体的迅速适应和演化导致了现代爬行动物的出现,这些爬行动物后来演化成了恐龙及其近亲。

大灭绝事件后的适应性辐射是生物进化中的一个重要现象。在灭绝事件之后,幸存的物种面临新的环境条件和生态位空缺,这促使它们迅速进化出多样化的特征以适应新的环境。例如,在白垩纪末期恐龙灭绝后,哺乳动物经历了显著的适应性辐射。这一过程导致了哺乳动物的多样化,并为哺乳动物在地球生态系统中占据重要位置奠定了基础。适应性辐射不仅包括形态上的多样化,还可能包括生态习性和行为模式的变化,以适应不同的生态环境。

大灭绝事件后的进化进程通常伴随着新物种的形成。这些新物种不仅是对灭绝事件的直接反应,也是对新环境条件的适应结果。例如,在晚白垩纪末期,恐龙灭绝后,许多哺乳动物迅速发展出不同的形态特征和生态角色,以填补原有生态系统中恐龙留下的空缺。这些新物种的出现不仅增加了生物多样性,也为生态系统的重建提供了新的生物群体。

(2) 生态系统的重塑

大灭绝事件后的生态系统恢复是一个复杂而漫长的过程。这一过程包括生物群落的重新分布和生态功能的恢复。在大灭绝事件后,生态系统需要通过生物群体的再生、物种的重新定植以及生态互动的恢复来实现重建。例如,在二叠纪三叠纪灭绝事件后,生态系统的恢复过程涉及植物群落的再生、动物群体的重新入驻以及生态功能的恢复。这一过程通常需要数百万年的时间,才能使生态系统逐渐恢复到相对稳定的状态。

在大灭绝事件后,幸存的物种和新出现的物种会在生态系统中重新分布。这种重新分布过程可能导致新的生物群落结构的形成。例如,在恐龙灭绝后的白垩纪末期,哺乳动物开始占据曾经由恐龙主导的生态位。这种生物群落的重新分布不仅改变了生态系统的结构,还影响了生态系统的功能和稳定性。

生态系统的恢复不仅涉及生物群落的重新分布,还包括生态功能的恢复。这些功能包括生产力、物质循环、能量流动等。大灭绝事件后的生态系统恢复过程需要通过生物群体的互动和生态系统功能的重新建立来实现。例如,在大灭绝事件后,植物群落的恢复和动物群体的再入驻可以帮助恢复生态系统的生产力和物质循环功能。

大灭绝事件后的生态系统通常会形成新的生态平衡。这种平衡包括新的物种组合和生态关系。新的生态平衡可能与灭绝事件前的生态系统大相径庭,但仍然能够维持生态系统的功能和稳定性。例如,在白垩纪末期恐龙灭绝后,哺乳动物和鸟类逐渐成为生态系统中的主要物种,形成了新的生态平衡。新的生态平衡不仅改变了生态系统的结构,还影响了生态系统的功能和稳定性。

新的生态平衡通常需要时间来稳定和适应。生物群落的重新分布和生态功能的恢复过程会影响生态系统的稳定性和适应能力。在新的生态平衡中,生物群体的相互作用、资源的分配和生态过程的运作都会发生变化。这些变化有助于生态系统适应新的环境条件,并维持生态系统的功能和稳定性。

 思考题

1. 宇宙大爆炸理论为我们提供了宇宙起源的解释。你认为还有哪些其他可能的宇宙起源理论? 这些理论如何与大爆炸理论相比较?

2. 宇宙的形成和演化经历了哪些关键步骤? 请讨论这些步骤中哪些对地球的形成具有重要意义,以及为什么。

3. 太阳系中的行星各有独有的特征。请结合星云假说,讨论地球为何成为唯一已知适合生命存在的行星,以及太阳系中其他行星是否有可能曾经或未来适合生命存在。

4. 地球的不同圈层(如地核、地幔、地壳、大气圈、水圈)如何在早期地球形成过程中相互作用? 这些相互作用对地球的环境和生命的起源产生了什么样的影响?

5. 地球表面形态的演化过程经历了多种地质作用。请结合具体实例,讨论板块运动和侵蚀作用如何塑造了今天的地表形态,以及这些地质过程对生物多样性有什么影响。

6. 地层学研究为理解地球历史提供了重要信息。请分析地层中的地质记录如何帮助科学家重建过去的环境变化,以及这种研究方法在未来可能面临哪些挑战。

7. 化石的形成和保存是一个复杂的过程。请讨论化石记录可能存在的局限性,以及这些局限性如何影响我们对生物进化和地球历史的理解。

8. 化石记录是研究生物进化的关键证据。请结合一个具体的化石发现,讨论它是如何改变我们对地球生命历史的认识的。

9. 地球历史上有多个著名的小行星撞击事件,这些事件往往导致了大规模的生物灭绝。选择一个具体事件,分析它对地球环境和生物多样性的影响。

10. 生物大灭绝事件通常伴随着环境的剧烈变化。请讨论这些事件如何为我们理解当前的全球环境变化提供了历史教训，以及现代社会应如何应对类似的环境威胁。

📚 推荐阅读书籍

1. 约翰·布罗克曼:《宇宙:从起源到未来》,浙江人民出版社,2017.

2. 吴国峰:《宇宙大爆炸后》,吉林出版集团, 2014.

3. 潘文彬,温诗惠:《大爆炸后的宇宙》,广东科技出版社, 2021.

4. 西蒙·辛格:《大爆炸简史》,湖南科学技术出版社, 2017.

5. 约翰·格里宾:《宇宙传记》,湖南科学技术出版社,2018.

6. 罗杰·彭罗斯:《宇宙的轮回》,湖南科学技术出版社, 2018.

7. 约翰·巴罗:《宇宙的起源》,天津科学技术出版社,2020.

8. 任德高,任空:《宇宙的极早和极小》,湖北科学技术出版社,2013.

9. 王宇琨,董志道:《图解宇宙简史:与霍金一起探索宇宙的起源和命运》,天津人民出版社,2019.

10. 约翰·D.巴罗:《发现宇宙:从爱因斯坦方程解出宇宙的一万种可能》,北京联合出版公司,2020.

11. 北京未来新世纪教育科学研究所:《要命的元素》,远方出版社,2006.

12. 北京未来新世纪教育科学研究所:《现代天文学及其应用技术》,远方出版社,2006.

13. 寒丽:《宇宙知识纵谈》,远方出版社,2005.

14. 国家新课程教学策略研究组:《探索宇宙的秘密》,远方出版社,2004.

15. 西蒙·纽康:《通俗天文学》,新世界出版社,2014.

16. 郭红卫,黄春辉:《宇宙探索》,吉林科学技术出版社,2022.

17. 尼尔·德格拉斯·泰森,J.理查德·戈特,迈克尔·A.施特劳斯:《欢迎来到宇宙:跟天体物理学家去旅行》,人民邮电出版社,2021.

18. 王永春:《地理视野前沿》,中国农业科学技术出版社,2021.

19. 杨明:《宇宙奥秘:走进神秘的宇宙世界》,安徽科学技术出版社,2012.

20. 加来道雄:《平行宇宙:新版》,重庆出版社,2014.

21. 彼得·科尔斯:《认识宇宙学》,外语教学与研究出版社,2015.

22. 竭宝峰:《探测宇宙的故事》,辽海出版社,2011 .

23. 楚丽萍:《图解时间简史:全新升级版》,中国华侨出版社,2017.

24. 凯莱布·沙夫:《如果宇宙可以伸缩》,浙江教育出版社,2020.

25. 冯昌德:《拨开宇宙的迷雾:天文大发现》,新疆青少年出版社,2008.

26. 大卫·贝克:《极简万物史》,中国科学技术出版社,2024.

27. 程存洁:《地球历史与生命演化》,上海古籍出版社,2006.

28. 李轩:《地球进化史》,中国广播电视出版社,2011.

29. 张伯才:《古生物与地层》,石油工业出版社,1987.

30. 张昀:《生物进化》,北京大学出版社,1998.

31. 陈小和:《生命交替的轮回 史前生物大灭绝》,上海科学普及出版社,2011.

32. 刘锐编:《至暗历劫 显生宙五次生物大灭绝》,中国地质大学出版社,2021.

33. Doris Flexner, Stuart Berg Flexner: *The Pessimist's Guide to History*, Harpercollins,2000.

34. Thompson, J. M. T: *Advances in Astronomy*,World Scientific Pub Co Inc,2005.

35. Maurizio Gasperini: *The Universe Before the Big Bang*,Springer,2008.

36. Howard Bloom: *Global Brain: The Evolution of Mass Mind from the Big Bang to the 21st Century*,Wiley,2000.

37. Amedeo Balbi: *The Music of the Big Bang*,Springer,2008.

第二章

生命进化

第一节　生命起源

一、生命起源的理论

1. 化学进化论

（1）奥帕林和霍尔丹的化学进化理论

生命起源问题是科学界长期以来的一大谜题,而化学进化论是 20 世纪初对这一问题的重要探索。20 世纪初,俄国科学家亚历山大·奥帕林(Alexander Oparin)和英国科学家约翰·霍尔丹(J. B. S. Haldane)分别提出了生命起源于原始地球环境中的化学进化理论。这一理论的核心观点是,生命并非突然出现,而是经过了漫长的化学演化过程,从简单的无机分子逐渐形成复杂的有机分子,最终形成了原始生命。奥帕林在 1924 年发表的论文中首次提出了关于生命起源的系统性假说。他设想,地球早期的大气成分与今天的氧气丰富环境截然不同,主要由氢、甲烷、氨和水蒸气组成。在这样的还原性环境中,外界能量(如闪电、紫外线等)可以引发简单分子间的化学反应,形成复杂的有机化合物。这些有机分子在原始海洋中逐渐积累,形成了"原始汤"(primordial soup),并最终通过进一步的化学反应形成原始生命体。霍尔丹在 1929 年提出了类似的观点,他同样认为生命起源于原始地球的还原性环境中,生命的早期形式可能是简单的有机分子,这些分子通过化学反应形成了更复杂的结构,最终形成了生命。霍尔丹还进一步推测,原始地球的海洋可能是一个"营养丰富的池塘",其中充满了各种有机分子,这些分子在合适的条件下,逐步形成了原始生命。

奥帕林和霍尔丹的化学进化理论对生命起源研究产生了深远的影响。它不仅为科学家提供了一个解释生命起源的框架,还激发了后续的实验和理论研究。特别是奥帕林的理论为 1950 年代米勒尤里实验的设计提供了理论依据,使得生命起源研究进入了一个全新的阶段。在理论影响方面,化学进化论提出了一个关键的科学问题:在没有生命的原始地球上,如何通过化学反应产生生命? 这一问题不仅推动了实验科学的发展,也引发了关于生命本质的哲学讨论。化学进化论挑战了传统的生命观念,认为生命是化学物质在特定环境下的自然产物,而非超自然力量的创造。

此外,化学进化论还对其他学科产生了重要影响。例如,在天文学领域,这一理论激发了关于其他星球上是否存在生命的讨论。如果生命能够在地球上通过化学进化形成,那么在类似条件下,其他行星或卫星上也可能存在生命。这一观点推动了天体生物学的发展,并激发了对外星生命的探索。

然而,化学进化论并非没有争议。随着科学技术的发展,研究人员对地球早期环境的理解不断深入,有些科学家质疑奥帕林和霍尔丹所描述的还原性大气是否真实存在。此外,尽管化学进化论提供了一个合理的生命起源框架,但它仍然无法解释生命从无机物到有机物再到生命体的完整过程,特别是在早期复杂有机分子的自我复制和进化机制方面,仍然存在许多未解之谜。

(2) 米勒尤里的实验

1953 年,美国科学家斯坦利·米勒(Stanley Miller)和他的导师哈罗德·尤里(Harold Urey)在芝加哥大学进行了一个著名的实验,试图模拟原始地球的条件并探讨生命起源的化学过程。这个实验后来被称为"米勒尤里实验",它不仅验证了奥帕林和霍尔丹的化学进化理论,还在生命起源研究领域掀起了一场革命。

米勒尤里的实验设计非常巧妙。实验装置包括一个封闭的玻璃系统,模拟了原始地球的大气和海洋。实验装置中充满了水(模拟海洋),以及甲烷、氨和氢气(模拟原始大气)。实验中,米勒通过加热水来模拟原始海洋的蒸发,并利用电极产生火花放电,模拟闪电等能量来源。这个过程持续了大约一周。

实验结果非常令人震惊。米勒发现,在实验装置中的水中形成了多种有机化合物,包括氨基酸——生命的基本构成单元。氨基酸是蛋白质的基本组成部分,蛋白质则是生命体的重要组成部分。这一发现首次证明,在原始地球的条件下,简单的无机分子可以通过化学反应形成复杂的有机分子,为理解生命起源提供了重要线索。米勒尤里实验对生命起源研究的意义不可低估。首先,实验提供了实验证据,支持奥帕林和霍尔丹的化学进化理论。其次,实验结果表明,在原始地球的条件下,复杂有机分子可以自然形成,这为理解生命起源的过程提供了科学依据。此外,米勒尤里实验还激发了后续的研究,使得科学家们开始更加系统地探讨原始地球上的化学过程,以及这些过程如何可能导致生命的出现。

然而,米勒尤里实验也存在一些局限性。首先,实验中的气体成分选择基于当时对原始地球大气的假设,后来研究表明,原始地球的大气可能并非还原性,而是弱氧化性,这意味着实验的条件可能与实际情况不完全一致。其次,尽管实验合成了氨基酸,但这些氨基酸如何进一步聚合成蛋白质,并形成具备生命特征的分子机器,仍然是一个未解之谜。此外,米勒尤里实验虽然模拟了地球早期的大气和海洋环境,但未能考虑到当时地球表面可能存在的其他复杂化学环境,如深海热液口区域的高温高压条件。这些极端环境可能对有机分子的形成和演化产生重要影响,而这些影响在米勒尤里的实验中没有得到充分体现。

2. 深海热液口理论

(1) 深海热液口的发现

20世纪70年代,深海探测技术取得了显著进展,为人类揭示了海洋深处的神秘世界。这一时期,科学家们开始使用深海潜水器和远程操控探测器,对海底进行详细探测,探索此前未曾涉足的海洋深处。在1977年,由美国海洋研究机构主持的阿尔文号(Alvin)深海潜水器在加拉帕戈斯裂谷进行探测时,科学家们首次发现了深海热液口这一惊人的地质现象。深海热液口是一种海底的火山活动产物,它们通常位于海洋中脊的裂谷或断层处,由地壳深处的高温流体涌出而形成。

这些热液口喷出的流体温度极高,达到300℃至400℃,含有丰富的矿物质,如硫化物、金属离子和其他化学物质。当这些高温流体与冷海水相遇时,会形成壮观的"黑烟囱"结构,这些黑烟囱由矿物沉淀堆积而成。深海热液口的发现不仅是地质学上的重要进展,也为生物学领域带来了震撼性的启示。科学家们在这些极端环境中发现了大量的生命形式,包括化能自养的微生物、蠕虫、贝类和甲壳类动物等,这些生物在完全没有阳光的环境下,依靠热液口释放的化学物质为生。

深海热液口的发现为生命起源研究提供了一种新的视角。在地球早期,太阳光可能无法穿透厚重的大气层,而深海热液口则为生命的早期演化提供了稳定的能量来源。热液口喷出的化学物质,如氢气、甲烷、硫化氢等,为原始地球环境中的化学反应提供了理想的条件。这些化学反应可能促使了有机分子的形成和聚合,最终形成了原始生命体。

深海热液口提供了极端且相对稳定的环境,这些环境条件在地球早期可能是生命诞生的关键因素。化能自养生物的发现证明,生命并非只能依赖光合作用,还可以依靠化学能量生存,这为理解生命起源的多样性提供了重要线索。此外,深海热液口的地质和化学特征,如高温、高压、丰富的矿物质和复杂的化学反应网络,也为生命起源提供了独特的微环境。这些条件可能在生命诞生和早期进化中扮演了重要角色,使得深海热液口理论成为生命起源研究中的重要假说之一。

(2) 深海热液口与生命起源的证据与争议

深海热液口作为生命起源的可能场所,得到了多方面的支持。首先,深海热液口中发现的极端微生物,如古菌(Archaea),展示了生命在极端环境下的适应性。这些微生物能够在高温、高压、无光的环境中生存,依赖化能合成有机物,这与地球早期条件下可能存在的环境相似。其次,实验室模拟研究也为这一理论提供了支持。例如,科学家们通过模拟深海热液口的环境,成功合成了一些生命必需的有机分子,如氨基酸和核苷酸,这表明类似的化学过程可能在地球早期的深海环境中发生过。此外,地质证据也支持深海热液口理论。研究表明,地球早期的大洋中脊和深海热液口区域广泛存在,这些地区可能为生命的起源和早期演化提供了合适的场所。深海热液口喷出的流体和沉积物中富含的矿物质和化学物质,也为原始生命的形成提供了必要的物质基础。这些证据表明,深海热液口可能为地球上的早期生命提供了一个理想的环境。

尽管深海热液口理论在生命起源研究中占据了重要位置,但这一假说仍然存在一些争议。首先,有科学家质疑深海热液口环境是否足够稳定和持久,能够支持复杂有机分子的合成和生命的形成。深海热液口的高温、高压条件虽然有利于某些化学反应的进行,但也可能导致有机分子的快速分解,这对生命起源的持续性构成了挑战。其次,深海热液口理论并不能解释所有生命起源的可能路径。例如,其他生命起源假说,如冰冷条件下的化学反应和星际尘埃中的有机分子贡献等,也得到了相应的支持和研究。因此,学术界对深海热液口是否是唯一的生命起源场所,仍然存在不同的看法。

3. 宇宙种子论

(1) 宇宙种子论的提出

宇宙种子论(Panspermia)是一种假设,提出生命的种子或有机物质并非源于地球,而是来自外太空。这一理论的起源可以追溯到古希腊时代,当时天文学家阿里斯塔克斯(Aristarchus)提出了一个早期版本的宇宙种子论,认为地球上的生命可能起源于宇宙的其他地方。然而,现代意义上的宇宙种子论得到了更为系统的阐述和发展,这要归功于20世纪初瑞典化学家斯万特·阿伦尼乌斯(Svante Arrhenius)的研究。

阿伦尼乌斯在1903年提出,生命的种子——即微生物或有机分子,可能通过彗星、陨石或星际尘埃传播到地球。他认为,这些生命种子能够在宇宙的极端环境中生存,并通过辐射压力或宇宙风的推动,在星际空间中漫游,最终降落在适宜的星球表面,并在合适的条件下繁衍发展。阿伦尼乌斯的宇宙种子论不仅为地球生命起源提供了一个全新的解释途径,也为其他星球上可能存在生命提供了理论依据。

宇宙种子论的核心假设是,生命或构成生命的有机分子可以在宇宙空间中生存并传播,这种生命形式可能通过不同的方式到达地球。首先,该理论假设生命能够在极端的宇宙环境中生存,包括极低的温度、强烈的辐射和真空条件。科学家们已经发现了一些极端微生物(如细菌和古菌),它们能够在类似的条件下生存,这为宇宙种子论提供了一定的生物学依据。其次,宇宙种子论还假设生命可以通过自然的宇宙现象(如彗星碰撞或小行星的撞击)传播。彗星和陨石可能携带着复杂的有机分子,甚至微生物,当这些天体进入地球大气层时,它们的一部分可能幸存下来并播撒在地球表面。这种观点得到了天文学和生物学的支持,特别是随着科学家们在彗星、陨石和星际尘埃中发现了丰富的有机分子,如氨基酸和核苷酸,它们是生命基本构建单元的前体。

（2）地外有机分子的发现与意义

近年来,科学家在彗星和陨石中发现了大量的复杂有机分子,这些发现为宇宙种子论提供了有力的证据。彗星 67P/丘留莫夫－格拉西缅科（67P/Churyumov Gerasimenko）是欧空局"罗塞塔"任务的主要研究对象。该任务在彗星表面探测到了包括氨基酸在内的多种有机化合物,这些化合物是生命形成的基本成分。这一发现表明,彗星中可能携带着生命的"种子",这些种子在适宜的条件下能够在地球上生根发芽。同样,科学家们在陨石中也找到了丰富的有机物质。例如,Murchison 陨石中发现的氨基酸和碳氢化合物表明,这些生命构建单元可能在地球形成之前就已经存在于宇宙中。这些发现支持了生命并非独立起源于地球,而是通过宇宙传播来到地球的观点。

尽管宇宙种子论得到了许多天文和生物学证据的支持,但它仍面临着许多挑战和质疑。首先,生命如何在宇宙极端环境中长时间生存仍是一个未解之谜。虽然有些极端微生物能够在极端条件下生存,但宇宙中的辐射、低温和真空环境是否足以保持生命种子的活性仍需进一步研究。其次,宇宙种子论并不能完全解释生命起源的所有问题。例如,生命如何从无机物质转化为有机分子,以及这些有机分子如何演化为复杂的生命体,仍是科学界讨论的焦点。此外,宇宙种子论也未能提供足够的证据证明生命确实是通过这种方式传到地球上的。

二、进化论的核心思想

1. 达尔文进化论

（1）自然选择学说

查尔斯·达尔文的进化思想是建立在多重科学和哲学影响的基础之上。19 世纪初,科学界已经在讨论地球和生物演化的可能性。前辈科学家如拉马克（Jean-Baptiste Lamarck）提出了"用进废退"的进化思想,认为生物通过对环境的适应而改变。尽管拉马克的理论后来被证明在细节上有许多错误,但他的思想为达尔文提供了重要的启示。此外,达尔文的祖父伊拉斯谟斯·达尔文（Erasmus Darwin）在其作品《植物爱神》（*The Botanic Garden*）中也表达了对生物演化的思考,显然家庭背景潜移默化地影响了达尔文的思想发展。然而,最关键的影响来自地质学家查尔斯·莱尔（Charles Lyell）的

《地质学原理》(*Principles of Geology*)。莱尔提出了"渐变论",即地质过程是通过漫长的时间积累而非突变完成的,这种思想促使达尔文思考生命演化是否也遵循类似的渐进过程。

达尔文在《物种起源》(*On the Origin of Species*)中系统地提出了自然选择学说,这一学说成为现代进化论的核心。自然选择的基本机制可以概括为四个关键要素:遗传变异、过度繁殖、适应和生存斗争。在任何种群中,个体之间总存在一定的遗传变异。这些变异可以是形态上的、行为上的或生理上的,这些变异形成的差异会影响个体在其环境中的生存能力。生物通常会产生比环境所能维持的更多后代,这意味着并非所有后代都能存活和繁衍。由于资源的有限性,个体之间会展开竞争。那些具有更适应环境特征的个体更有可能存活下来并繁殖,而不适应的个体则可能被淘汰。这一过程被称为"适者生存"。适应性强的个体会将其有利特征传递给下一代,经过多代,这些特征会在种群中逐渐累积,最终导致新物种的形成。

自然选择的一个经典实例是英国工业革命期间的"桦尺蛾"现象。在工业污染严重的地区,树干被煤烟熏黑,原本白色的桦尺蛾变得显眼,容易被捕食者发现。而黑色变异的桦尺蛾则因为与被污染的树皮颜色相近而生存下来。这一现象成为达尔文自然选择学说的生动案例,展示了环境变化如何通过自然选择驱动物种的进化。

达尔文的自然选择学说不仅仅是一个进化理论,而是为整个生物学奠定了基础。现代生物学的许多领域,如遗传学、生态学和分子生物学,都直接或间接地受到达尔文思想的深刻影响。自然选择学说帮助解释了生物多样性的起源、适应性行为的演化、物种之间的竞争与合作等现象。更重要的是,它使生物学成为一门统一的科学,所有生命形式都被视为从共同祖先进化而来的产物,这一观点深刻改变了人类对自然界的理解。

(2)《物种起源》发表与反响

《物种起源》于1859年出版,正值欧洲科学和思想发生巨大变革的时期。工业革命带来了经济的迅速发展,同时也催生了科学技术的进步。人们开始质疑传统宗教教义,寻求自然界现象的科学解释。在这一背景下,达尔文的进化论无疑具有革命性的意义,它不仅挑战了传统的物种不变论和神创论,还为生物进化提供了科学解释。然而,《物种起源》的发表并非一帆风顺。达尔文早在20年前就已经开始构思这一理论,但由于害怕社会的反对和学术界的质疑,他一直未敢公开。在1858年,当另一位科学家阿尔弗雷德·华莱士(Alfred Russel Wallace)独立提出类似的自然选择学说时,达尔文才决定加快写作并最终出版。

《物种起源》的出版立即在社会和科学界引发了巨大反响。书中提出的进化观点与圣经中关于生命起源的记述产生了直接冲突,特别是对人类起源的暗示更是引发了宗教界的激烈反应。一些保守派人士强烈抨击这一学说,认为它否认了人类的特殊地位和神圣起源。

尽管《物种起源》在发表初期遭遇了广泛的批评和争议,但随着时间的推移,这一理论逐渐被科学界所接受。达尔文的自然选择学说得到了越来越多的实验证据支持,尤其是随着遗传学的发展,孟德尔的遗传定律与达尔文的自然选择学说相结合,形成了现代综合进化论(Modern Synthesis)。然而,达尔文自然选择学说在科学界内部的争议主要集中在进化的机制上,尤其是在如何解释遗传变异的起源和传递方面。直到 20 世纪初,随着遗传学的崛起,达尔文的进化论才得到了更为坚实的理论基础。

2. 现代综合进化论

(1) 遗传学与达尔文进化论的结合

在 19 世纪末和 20 世纪初,遗传学的兴起为达尔文的进化论提供了重要的支持,也促成了现代综合进化论的形成。达尔文提出的自然选择学说解释了生物多样性和适应性的进化过程,但他对遗传的机制并不清楚。达尔文的"渐变论"虽然解释了物种的演化,但却无法回答遗传特征如何在世代之间传递以及变异的来源。这一困惑在 1900 年后得到了解决。当时,奥地利僧侣格雷戈尔·孟德尔(Gregor Mendel)在 1865 年发表的豌豆杂交实验结果被重新发现,揭示了遗传特征是通过离散的"基因"传递的,而非达尔文所假设的混合遗传。孟德尔的研究表明,基因是稳定且可预测地传递给后代的,这为进化论提供了一个具体的遗传机制。随着遗传学的进一步发展,科学家们开始认识到,基因突变是产生遗传变异的主要来源。突变的基因通过自然选择在种群中被筛选,有利的突变被保留并在后代中传播,不利的突变则被淘汰。这一发现解决了达尔文时代遗传与变异的未解之谜,使得进化过程更加清晰可见。

20 世纪初期,遗传学与进化论的整合催生了"现代综合进化论"。这一理论由多位科学家在 20 世纪 30 年代和 40 年代提出,包括罗纳德·费希尔(Ronald Fisher)、西沃尔·赖特(Sewall Wright)和乔治·盖洛德·辛普森(George Gaylord Simpson)等人。他们通过将孟德尔遗传学与达尔文的自然选择相结合,提出了一个更为全面的进化理论。现代综合进化论的核心在于解释了进化过程中的三大机制,即基因突变、遗传漂变和自然选择。基因突变提供了遗传变异的基础,这些变异通过遗传漂变和自然选择在种群中传播和累积。遗传漂变是一种随机的进化机制,特别是在小种群中显著。自然选择则是定向的,倾向于保留有利的变异,并使得物种逐渐适应其环境。这种整合使得进化论不再是一个单一的学说,而是涵盖了生物学中从分子水平到生态系统层面的广泛内容。现代综合进化论为进化生物学提供了一个强有力的理论框架,解释了物种形成、生物多样性、适应性以及许多其他生物现象。

（2）中立进化理论与选择压力

尽管现代综合进化论为生物进化提供了强有力的解释框架,但 20 世纪中叶的研究进一步揭示了进化过程的复杂性。1968 年,日本遗传学家木村资生(Motoo Kimura)提出了"中立进化理论"(Neutral Theory of Molecular Evolution),为进化生物学带来了新的视角。木村的中立进化理论指出,绝大多数基因变异在分子水平上是中性的,即它们对生物个体的适应性没有显著影响。这些中性突变通过遗传漂变而在种群中积累,而不是通过自然选择。在此基础上,木村提出,物种的分子进化速率主要由中性突变的积累速率决定,而非自然选择的强度。中立进化理论并不否定自然选择的存在和作用,而是提供了一种新的视角,强调了进化过程中随机性的重要性。木村的理论解释了为什么在某些情况下,生物分子进化的速度与自然选择的压力无关,而是取决于随机突变的速率和遗传漂变的过程。

中立进化理论与自然选择之间并非对立的,而是可以在特定环境下共同作用于物种的演化。一个物种在进化过程中既可能经历中性突变的随机积累,也可能在环境压力下通过自然选择进行适应性进化。这种相互作用使得生物进化的过程既复杂又多样。在稳定的环境中,中性突变可能主导进化过程,而在剧烈变化的环境中,自然选择则可能成为主要驱动力。这一观点解释了不同物种在不同环境下进化速率的差异,也帮助理解了为什么某些基因在进化过程中保持高度保守,而其他基因则发生快速变化。

三、生命起源的化石证据

1. 古老微生物化石的发现

在地球漫长的历史中,生命的起源和早期演化一直是科学界关注的重大课题。古老微生物化石的发现为我们提供了直接的证据,帮助我们理解早期地球上的生命形式。这些化石通常被发现于古老的沉积岩中,通过放射性同位素测年技术,我们可以确定这些化石的年代,进而推断出生命在地球上出现的时间。

一个著名的发现地点是西澳大利亚的斯特罗马陨石坑(Strelley Pool Formation),这里出土的微生物化石被认为是地球上已知最古老的生命形式之一。通过年代测定,这些化石被确认形成于约 35 亿年前,处于太古代早期。斯特罗马陨石坑的沉积环境为浅海沉积物,这些环境条件可能为早期微生物的生存和保存提供了有利条件。除了西澳大利亚外,南非的巴伯顿(Barberton)绿岩带也是一个重要的发现地点。在这些地区的岩石中,科学家发现了微小的碳化微体结构,这些结构被认为是古老的微生物化石。这些发现不仅提供了古代生命的直接证据,还帮助我们推测地球早期的环境条件,如大气成分、温度和海洋化学特征。

这些古老微生物化石的形态特征和内部结构为科学家提供了重要的信息。通过显微镜观察，这些化石显示出类似现代蓝藻或细菌的结构特征，如丝状体、球状体和层状结构等。这些结构与现生微生物的形态非常相似，表明早期地球上可能已经存在多样化的微生物群落。特别是在斯特罗马陨石坑的沉积物中，科学家发现了一种称为"叠层石"（Stromatolite）的化石结构。这种结构是由微生物群体，尤其是蓝藻，通过捕获和黏合沉积颗粒而形成的多层状石化结构。叠层石的存在表明，早期的微生物不仅能够在恶劣的环境中生存，还能够形成复杂的生态系统，这对于理解地球早期生物圈的形成具有重要意义。此外，化学分析也在研究这些古老化石时起到了关键作用。通过分析化石中的碳同位素比例，科学家能够推测这些微生物的代谢活动。一般来说，生物过程会导致碳同位素的分馏，因此，化石中发现的轻碳同位素（如 12C）比重较高，支持了这些结构的生物起源。这些分析结果进一步加强了这些化石作为地球早期生命证据的可信度。

这些古老微生物化石的发现对理解生命的起源具有重要意义。首先，它们为生命在地球上何时出现提供了直接的证据，将生命的历史推溯到 35 亿年前或更早。其次，这些化石揭示了早期地球的环境条件以及生物与环境之间的相互作用，帮助科学家重建早期地球的生态系统和生命演化的轨迹。

虽然这些化石的发现和研究已经取得了许多进展，但仍有许多未解之谜需要探索。例如，早期生命是如何在极端环境中形成并繁衍的？这些古老微生物的进化过程又是怎样的？随着科学技术的不断进步，未来的研究有望揭示更多关于地球早期生命的秘密，为我们解答生命起源这一人类终极问题提供更为清晰的答案。

2. 远古环境条件的重建

（1）早期地球环境的证据

早期地球环境的重建依赖于丰富的地质证据，包括沉积岩、矿物以及同位素分析。这些证据为我们提供了关于大气成分、温度和海洋化学条件的宝贵信息。沉积岩是地质历史的记录者，通过研究沉积岩的层次、组成和化学特征，科学家们可以推测出早期地球的环境状态。例如，氧化铁的沉积物显示了地球大气中氧气含量的变化。地质证据表明，在地球早期大气中，氧气的含量极低，主要成分是二氧化碳、氮气、甲烷和水蒸气。矿物分析也为早期环境的重建提供了重要信息。地球最古老的矿物——锆石（Zircon），其形成时间可以追溯到约 44 亿年前。这些锆石中包含的氧同位素比例表明，当时地球表面可能已经存在液态水，这为生命的起源提供了关键条件。此外，硫同位素分析揭示了早期地球的火山活动频繁，火山喷发释放的大量气体对地球大气成分产生了深远影响。同位素分析进一步深化了我们对早期地球环境的理解。碳同位素和硫同位素的比例变化，反映了早期生命活动对环境的影响。例如，古代岩石中的碳同位素比例显示了生物活动对碳循环的影响，这一发现支持了在地球早期存在生命的可能性。通过这些地质证据的分析,科学家们得以构建出一个相对完整的早期地球环境图景,这对于理解生命的起源和发展至关重要。

早期地球环境的重建不仅为我们提供了关于地球历史的知识,还对生命的起源和早期演化提供了重要启示。早期地球的大气成分、温度和海洋化学条件可能为原始生命的形成提供了必要的物质与能量支持。比如,甲烷和氨等还原性气体的存在,可能促成了有机分子的合成,这些分子是生命的基本构件。此外,火山活动和陨石撞击等极端环境事件,可能为原始生命提供了能量来源,加速了化学进化的过程。液态水的存在是生命起源的关键因素。早期地球表面可能存在广泛的浅海和湖泊,这些水体为原始有机分子的聚集和反应提供了理想场所。热液喷口等极端环境为生命的起源提供了多样化的可能性,这些环境中的化学反应可能促进了原始生命的形成。

(2) 化石记录与环境变化

地球环境的变化对生命的演化产生了深远的影响,这在化石记录中得到了体现。随着地球历史的推移,环境条件的变化往往伴随着生物多样性和分布的剧烈波动。例如,氧气的增加被认为是导致生物多样性爆发的关键因素之一。随着大气中的氧气含量逐渐上升,许多新型代谢路径得以发展,生命形式的多样性也随之增加。化石记录中的生物突现和灭绝事件,往往与全球气候变化、大规模火山活动或陨石撞击等环境剧变密切相关。这些环境变化不仅影响了生物的多样性,还在生物的进化路径中起到了决定性作用。生命在不同环境中的适应和演化推动了新物种的形成。例如,远古时期的大冰期可能导致了生物群落的分散和隔离,进而促进了物种的多样化和分化。这些变化在化石记录中清晰可见,成为理解生命演化过程的重要依据。

早期生命通过适应环境变化而演化,推动了多样化生命形式的出现。这一过程表明,生物进化与环境变化之间存在着密切的相互作用。比如,化石记录中的叠层石表明,早期微生物群落能够在极端环境中生存,并通过合作和共生形成复杂的生态系统。随着环境条件的变化,生物体必须不断适应新的生存压力,进而演化出新的特征和功能。生物对环境变化的适应不仅体现在生理结构上,还反映在生态关系和行为模式的演化中。例如,随着氧气的增加,早期生物从厌氧生物逐渐演化为好氧生物,这一转变促进了复杂生命形式的出现。适应性进化的过程不仅塑造了地球上生命的多样性,还为未来的生物进化奠定了基础。

第二节　脊椎动物的进化

一、脊椎动物的起源

1. 脊椎动物的早期化石记录

（1）鱼类的出现及其重要性

脊椎动物的早期化石记录表明，最早的脊椎动物出现在约 5 亿年前的寒武纪末期。这些早期脊椎动物以鱼类的形式出现，是生命史上的一个关键转折点。鱼类作为最古老的脊椎动物，为后来的生物类群提供了演化的基础。最早的鱼类化石显示，这些早期脊椎动物具有简单的身体结构，缺乏下颌，身体被硬壳或骨板覆盖。这些无颌鱼类，如盔甲鱼类（Ostracoderms），虽然结构简单，但它们标志着脊椎动物的第一次重要分化。这些早期的无颌鱼类通过演化，逐渐形成了适应不同生态环境的多样化物种，为脊椎动物在地球上占据生态位打下了基础。

（2）无颌类和有颌类鱼类的分化

随着时间的推移，脊椎动物开始分化为无颌类和有颌类两大主要类群。无颌类鱼类包括现存的七鳃鳗和盲鳗等，这些鱼类至今仍保持着较为原始的形态。它们的化石记录显示，虽然缺乏下颌，但已具备了脊椎动物的基本特征，如中枢神经系统和分节的肌肉。

有颌类鱼类在脊椎动物的进化中扮演了更为重要的角色。有颌类鱼类大约出现在 4.4 亿年前的奥陶纪晚期，它们的出现标志着脊椎动物演化的一个重大飞跃。颌的出现使得这些鱼类能够捕食更大的猎物，并在水生生态系统中占据了更高的营养级。有颌类鱼类的分化进一步导致了辐鳍鱼类和肉鳍鱼类的出现，后者最终演化为两栖动物，并进一步发展为陆地脊椎动物。

2. 脊椎动物的身体结构演变

（1）颌的进化及其生物力学意义

颌的进化是脊椎动物演化中的一个重要事件。早期的无颌类鱼类只能依靠过滤或吸食方式获取食物，而颌的出现使得这些鱼类能够主动捕捉和咀嚼猎物。颌的出现被认为是由前鳃弓的改造而来，这一结构变化不仅增强了捕食能力，也使得脊椎动物能够在生态系统中占据更高的食物链位置。颌的出现标志着脊椎动物从单纯的滤食者转变为捕食者,这是生物力学的一次重要飞跃。

（2）鳃弓的进化与呼吸系统的改进

鳃弓是脊椎动物头部的一系列支持结构,在颌的进化过程中起到了关键作用。鳃弓不仅支撑着呼吸器官,还参与了颌的形成。鳃弓的进化使得脊椎动物的呼吸系统得到了显著改进,特别是在水生环境中,鳃弓的加强提高了氧气的获取效率。这一演化改变为脊椎动物向更复杂的身体结构发展提供了可能性。

（3）内骨骼的进化及其生物力学意义

内骨骼的进化是脊椎动物区别于无脊椎动物的一个显著特征。早期脊椎动物的骨骼系统主要由软骨构成,但随着演化的推进,骨质逐渐取代软骨,形成了更为坚固和复杂的内骨骼结构。内骨骼为脊椎动物提供了更强的身体支撑,支持了更复杂的肌肉系统,从而增强了这些动物的运动能力。内骨骼的进化不仅使得脊椎动物在水中更加灵活,也为其后来的陆地适应打下了坚实基础。

二、两栖类与爬行类的演化

1. 两栖类的出现

（1）两栖类的起源与水陆两栖生活方式的演变

两栖类的出现标志着脊椎动物从水生环境向陆地环境的重大转变,是地球生命演化史上的一个重要里程碑。两栖类的起源可以追溯到泥盆纪晚期(约3.6亿年前),当时的地球环境经历了剧烈的变化,尤其是水体面积的减少和陆地生态位的出现,使得某些鱼类开始适应陆地生活。

早期的两栖类动物兼具水生和陆生适应性。这些动物的皮肤保持了湿润的特性,以便于在潮湿的环境中进行呼吸,但它们同时也发展出了更强壮的四肢和骨骼结构,能够支持其在陆地上活动。这种适应使得两栖类成为首批能够在水中繁殖但能够短暂在陆地上生活的脊椎动物。水陆两栖生活方式的演变不仅表现在形态结构上,也体现在生理和行为适应上。例如,两栖类的卵通常在水中产下,幼体也在水中度过早期发育阶段,而成体则能够在陆地上捕食和活动。

（2）重要化石:泥盆纪的鱼类两栖类过渡物种

鱼石螈(Tiktaalik)是已知最重要的两栖类过渡化石之一,生活在约3.75亿年前的泥盆纪晚期。这种动物兼具鱼类和两栖类的特征,科学家们在其化石中发现了类似鱼类的鳍状肢和鳃,同时也具有类似两栖类的扁平头部和具备支持陆地行走的骨骼结构。鱼石螈的发现为脊椎动物从水生到陆生的转变提供了关键证据。它的胸鳍不仅可以在水中游动,还能够在浅水或湿地环境中作为支撑,用来在陆地上移动。这一发现显示了早期两栖类在生存环境中的多样化适应策略。

这种过渡物种的发现不仅揭示了两栖类动物的演化路径,还为理解脊椎动物的早期适应提供了重要的线索。鱼石螈的化石为研究脊椎动物如何从水中走向陆地、如何应对不同生态环境的挑战提供了直接的证据。这也进一步证明了达尔文的进化论观点,即物种通过自然选择不断适应环境变化,并最终演化出新的生命形式。

2. 爬行类的进化与分支

(1) 爬行类的出现及其在陆地生态系统中的地位

爬行类的出现标志着脊椎动物完全适应陆地生活的重要一步。爬行类起源于石炭纪(约 3.2 亿年前),它们的进化使得脊椎动物能够摆脱对水生环境的依赖,彻底占据陆地生态系统。爬行类的关键适应特征包括坚硬的鳞片覆盖的皮肤,这样的皮肤能够减少水分流失,使它们能够在更干燥的环境中生存。此外,爬行类还发展出了更复杂的生殖系统,尤其是胚胎被包裹在羊膜内的卵中,能够在陆地上孵化,从而不再依赖水体进行繁殖。

这些适应性特征使得爬行类在当时的陆地生态系统中占据了重要地位。它们广泛分布于各种环境中,从热带雨林到干旱沙漠,无处不在。爬行类还展示了高度的多样性,包括食草、食肉、食虫等各种生态类型。随着时间的推移,爬行类进一步演化出多种分支,如蜥蜴、蛇、鳄鱼等,成为地球上最成功的脊椎动物类群之一。

(2) 恐龙的起源及其分支进化

恐龙是爬行类中最引人注目的一支,起源于三叠纪晚期(约 2.3 亿年前)。恐龙的出现标志着爬行类在陆地生态系统中的进一步演化与分化。早期恐龙主要是小型的双足行走的食肉动物,但随着时间的推移,它们演化出多种不同的形态和大小,从巨大的食草性蜥脚类恐龙到凶猛的食肉性兽脚类恐龙。

恐龙的演化显示了爬行类在适应不同生态环境时的高度灵活性。恐龙不仅在陆地上占据了主导地位,还展示了多种生活方式,如群居生活、社交行为等。恐龙的分支进化最终导致了鸟类的出现,这是恐龙演化史上的一个重要里程碑。尽管恐龙在白垩纪末期(约 6 600 万年前)因环境剧变而大规模灭绝,但它们的后裔——鸟类,仍然存活至今,继续在地球上繁衍生息。

三、恐龙与鸟类的演化

1. 恐龙的多样性与生态角色

恐龙是中生代时期(约 2.5 亿至 6 600 万年前)地球上最具统治地位的陆生脊椎动物。它们的多样性和适应能力使得它们在三叠纪、侏罗纪和白垩纪的各个地质时期都占据了陆地生态系统的中心地位。恐龙的多样性不仅体现在物种的数量上,也反映在它们在生态系统中的各种角色上。

（1）不同类型恐龙的生态角色

恐龙根据其生物特征和生态角色,可以大致分为两大类:蜥臀类(Saurischia)和鸟臀类(Ornithischia)。这两大类恐龙分别包含了多种形态和生态适应性,展现了恐龙在不同环境中的多样化生存方式。

蜥臀类恐龙包括了最著名的食肉性恐龙,如霸王龙(Tyrannosaurus Rex)和异特龙(Allosaurus),它们在食物链顶端扮演着重要角色。作为顶级捕食者,它们通常拥有强壮的颌骨、锋利的牙齿和强有力的后肢,适合捕猎大型草食性动物。蜥臀类恐龙中的蜥脚类(Sauropoda)则代表了恐龙世界中的巨型食草动物,如梁龙(Diplodocus)和雷龙(Apatosaurus)。这些恐龙拥有长脖子和长尾巴,能够轻松取食高处树叶,是当时陆地生态系统中的主要植食者。它们庞大的体型也使得它们在与捕食者的竞争中拥有一定优势。

鸟臀类恐龙则包括了多种中小型植食性恐龙,如三角龙(Triceratops)、甲龙(Ankylosaurus)和鸭嘴龙(Hadrosaurus)。这些恐龙通过不同的进化策略适应了多样化的生态位。三角龙等角龙类恐龙发展出强壮的角和盾状颅骨,用来防御掠食者的攻击。甲龙类恐龙则演化出了厚重的骨甲和尾锤,成为中生代时期的"装甲车",能够有效抵御大型捕食者的袭击。鸭嘴龙类恐龙是中生代晚期最成功的植食性恐龙之一,它们通过高度发达的咀嚼系统和独特的头冠结构适应了当时多样化的植物资源。

恐龙在不同的地质时期和生态系统中表现出了惊人的适应能力。例如,在三叠纪晚期,恐龙刚刚出现,体型相对较小,以迅速的移动和灵活的捕食能力占据了生态位。到了侏罗纪时期,恐龙的体型和数量显著增加,尤其是巨型蜥脚类恐龙的出现,使得它们在全球范围内的植被带中占据了主导地位。在白垩纪时期,恐龙的多样性达到了顶峰,出现了多种具有复杂社会行为的种类,如可能群居生活的鸭嘴龙类和角龙类。这一时期,恐龙的生态角色更加复杂,形成了庞大的生态网络。

（2）恐龙的演化过程

恐龙的演化过程是一个极其复杂和多样的过程,涉及多个生物学特征和生态适应性的变化。恐龙的起源可以追溯到三叠纪晚期,当时它们从早期的爬行动物演化而来,并迅速在全球范围内扩散。

在恐龙的早期演化过程中,体型小、双足行走的种类占主导地位。随着时间的推移,这些早期恐龙逐渐演化出不同的生物特征,以适应不同的生态环境。例如,蜥脚类恐龙逐渐演化出巨大的体型和四足行走的方式,以应对大型植食性动物的需求。而兽脚类恐龙则保留了灵活的双足行走方式,并通过不断优化的捕食器官(如锋利的牙齿和强大的下颌肌肉)在捕食中获得优势。

在侏罗纪时期,恐龙的演化进入了一个快速扩展的阶段。这一时期,恐龙的种类多样性显著增加,特别是在肉食性兽脚类恐龙和植食性蜥脚类恐龙之间出现了显著的分化。侏罗纪晚期,大型的食草性恐龙如梁龙和腕龙(Brachiosaurus)逐渐占据了生态系统中的主导地位,而异特龙等大型食肉性恐龙则成为顶级掠食者。

在白垩纪时期,恐龙的演化达到了高峰。此时,恐龙不仅在陆地上占据了主导地位,还展现了更为复杂的行为和生态适应性。例如,鸭嘴龙类恐龙的发展表明恐龙开始在社会行为和繁殖策略上进行更加精细的适应。角龙类恐龙的出现也显示出恐龙在防御机制上的进化,这些动物通过演化出厚重的骨骼和盾牌状的头部来保护自己免受掠食者的攻击。

恐龙的演化过程也受到外部环境变化的影响。白垩纪末期,地球经历了一系列剧烈的气候和环境变化,包括大规模火山活动、海平面变化以及最终的小行星撞击事件。这些因素导致了恐龙的灭绝,但也促成了其他动物类群(如哺乳动物和鸟类)的兴起。

2. 鸟类的起源

鸟类的起源是恐龙演化史上最为引人注目的部分之一。现代鸟类被认为是兽脚类恐龙的后裔,这一观点在 20 世纪末期得到广泛接受。鸟类的起源不仅仅是一个形态演化的过程,更是一个功能和行为的适应过程。

(1) 鸟类起源于兽脚类恐龙的证据

鸟类起源于兽脚类恐龙的理论最早由托马斯·亨利·赫胥黎(Thomas Henry Huxley)提出,他认为某些兽脚类恐龙(如似鸟龙类)与现代鸟类在结构上具有相似性。现代研究通过化石记录和系统发生学分析,提供了大量支持这一理论的证据。

首先,鸟类与兽脚类恐龙在骨骼结构上具有显著的相似性。兽脚类恐龙,如小盗龙(Microraptor)和始祖鸟(Archaeopteryx),具有鸟类特有的结构特征,如叉骨(即"愿骨")、空心骨以及类似鸟类的臀部结构。这些特征表明,鸟类是从兽脚类恐龙的一支中逐渐演化而来的。

其次,羽毛的出现是鸟类演化的重要特征。尽管早期的兽脚类恐龙没有飞行能力,但一些种类已经开始出现类似羽毛的结构。例如,小盗龙和中国出土的其他带羽毛的恐龙化石显示,羽毛在最初可能是用于保温或显示,而非飞行。这些羽毛逐渐演化成具有空气动力学功能的结构,最终使得鸟类具备了飞行能力。

另外,鸟类和某些兽脚类恐龙在蛋壳结构和生殖行为上也有相似之处。鸟类的卵壳结构与某些兽脚类恐龙的卵壳具有类似的微观结构特征。此外,化石证据表明,某些恐龙可能像现代鸟类一样,在孵卵过程中采取了体温调节行为,这进一步支持了鸟类起源于兽脚类恐龙的观点。

(2) 始祖鸟与现代鸟类的形态对比

始祖鸟是鸟类起源研究中的关键化石,被广泛认为是连接恐龙与现代鸟类的"过渡化石"。始祖鸟生活在约 1.5 亿年前的侏罗纪晚期,最早的化石在德国的索伦霍芬石灰岩中发现。始祖鸟展示了介于恐龙和鸟类之间的形态特征,是理解鸟类演化过程的关键。始祖鸟具有许多与现代鸟类相似的特征,如羽毛覆盖的身体、叉骨和适合飞行的翅膀结构。然而,与现代鸟类相比,始祖鸟仍然保留了许多恐龙的原始特征。例如,始祖鸟具有牙齿、长尾骨和爪,这些特征在现代鸟类中已经消失或显著退化。始祖鸟的手指较长,并且具有独立的爪子,而现代鸟类的手指则已经融合,形成了翼的结构。

从飞行能力来看,始祖鸟的飞行能力可能较为有限。尽管它的羽毛结构表明它可能具备一定的滑翔或短距离飞行能力,但它的骨骼结构(如未完全融合的肩胛骨和胸骨)表明,它缺乏现代鸟类那样的强大飞行肌肉和动力飞行能力。因此,始祖鸟更可能是从树枝间滑翔,或在低空中短距离飞行,而非长时间的主动飞行。

与始祖鸟相比,现代鸟类在演化过程中失去了许多原始恐龙的特征,并发展出了适应飞行生活的高度专门化特征。现代鸟类的骨骼更加轻盈,胸骨上有突出的龙骨突,用来附着强大的飞行肌肉。此外,现代鸟类的尾巴已经演化成了短小的尾羽,而始祖鸟仍然保留着较长的尾骨。

第三节 人类的起源与进化

一、非洲起源假说

1. 非洲起源与早期人类化石

(1) 重要化石地点

非洲是早期人类化石发现的重镇,尤其是东非裂谷和南非的洞穴遗址。东非裂谷是人类学家研究早期人类的重要地区,涵盖了包括埃塞俄比亚、肯尼亚和坦桑尼亚在内的多个国家。东非裂谷的地质活动和化石沉积条件非常适合保存早期人类的化石。特别是在阿法尔三角洲（Afar Triangle）发现的化石，如"露西"，为了解早期人类的形态和演化提供了关键证据。

"露西"化石的发现被认为是 20 世纪最重要的古人类学发现之一。露西是一具生活在约 320 万年前的南方古猿的化石，这一发现不仅证明了早期人类的直立行走特征，还揭示了它们在脑容量、体型和适应性上的重要演变。除了露西之外，东非裂谷还有其他重要的化石发现，如"阿法尔猿人"（Australopithecus anamensis）和"鲁道夫人"（Homo rudolfensis），这些化石为早期人类的进化过程提供了宝贵的信息。

南非的洞穴遗址，如斯特尔肯博斯洞穴（Sterkfontein）和玛尔冯洞穴（Marloth），同样对人类进化的研究具有重要意义。这些洞穴遗址出土了大量古人类化石，包括南方古猿（Australopithecus）和早期的直立人（Homo erectus）。这些化石显示出早期人类在形态和行为上的多样性，也反映了他们的生存环境和适应策略。

（2）南方古猿及其在早期人类演化中的位置

南方古猿是早期人类演化中的关键物种，生活在大约 400 万到 200 万年前。南方古猿的发现对于理解人类的起源至关重要。它们展示了从猿类到早期人类的过渡特征，包括直立行走和较大的脑容量。

南方古猿包括多个亚种，如"露西"所代表的南方古猿阿法尔猿（Australopithecus afarensis）和南方古猿非洲猿（Australopithecus africanus）。这些早期人类的特征包括相对较小的脑容量、大型的牙齿和颚部结构，以及适应直立行走的骨骼特征。这些特征显示了早期人类在环境适应和生活方式上的逐步演化。

南方古猿的化石证据表明，早期人类已经开始显示出与现代人类相似的生活习性，如利用工具和社会行为。这些化石也为后来的早期人类物种如直立人和早期智人的演化提供了重要的线索。通过对南方古猿的研究，科学家们能够更好地理解早期人类在演化过程中的关键步骤。

2. 直立人迁徙与全球扩展

（1）直立人的特征及其向欧亚大陆的扩展

直立人是早期人类的重要物种，生活在约 180 万到 30 万年前。直立人以其进化特征和全球扩展能力而著称，它们不仅具备了直立行走的能力，还展现出了较大的脑容量和复杂的工具使用技能。直立人的体型较大，脑容量也显著增加，接近现代人的水平。直立人的骨骼特征显示出其适应了长时间的直立行走和奔跑，这使得它们能够在不同的环境中生存。直立人也开始使用更为复杂的石器工具，如手斧（Acheulean tools），这反映了它们在技术和社会行为上的进步。

直立人的迁徙模式表明，它们已经从非洲扩展到欧亚大陆。这一过程的开始可以追溯到约 180 万年前,直立人通过陆桥或沿海路线向欧亚大陆迁徙。直立人的迁徙不仅带来了人类基因组的多样化,还促进了不同地区之间的文化交流。

在中国,直立人的化石如"北京人"(Homo erectus pekinensis)提供了宝贵的信息。北京人的发现证明了早期人类在东亚的存在,并展示了它们的生活方式和生存环境。在欧洲,直立人的化石如"直立人"和"比尔达人"(Homo antecessor)则展示了早期人类在欧洲大陆的适应能力和生存策略。

(2) 早期智人的出现与行为现代性的起源

早期智人(Homo sapiens)是现代人类的直接祖先,其出现标志着人类演化的一个重要转折点。早期智人生活在大约 30 万年前,具有现代人类特有的解剖特征,如较大的脑容量、较小的面部结构和更加复杂的工具使用能力。早期智人的出现与行为现代性的起源密切相关。行为现代性指的是现代人类特有的认知和文化能力,如语言、艺术和社会组织。早期智人展现出了这些特征,通过考古学和人类学的研究,科学家们能够揭示早期智人的生活方式和文化习俗。

考古学遗址,如南非的布莱斯河遗址(Blombos Cave)和法国的肖维洞穴(Chauvet Cave),提供了早期智人行为现代性的证据。这些遗址出土了早期智人创造的艺术品,如刻画符号和洞穴壁画,这些艺术品展示了早期智人在思维和表达上的创新能力。早期智人的社会组织也显示出其行为现代性的特征。研究表明,早期智人可能已经发展出复杂的社会结构和合作机制,这些机制有助于人类在不同环境中生存和繁衍。通过对早期智人生活遗址的分析,科学家们能够重建早期智人的社会生活和文化习俗,为理解现代人类的演化过程提供了重要线索。

二、人类种源的演化

1. 尼安德特人与智人的关系

(1) 尼安德特人化石与现代人类基因的关联研究。

尼安德特人(Homo neanderthalensis)是一种生活在大约 40 万到 3 万年前的古人类,它们的化石主要分布在欧洲和西亚地区。尼安德特人和早期智人曾在相同的地理区域内共存,因而它们之间的关系成为人类学和遗传学研究的重要课题。尼安德特人化石的研究揭示了许多有关其生活方式和生物特征的信息。例如,尼安德特人有着强壮的体格、较大的鼻腔以及适应寒冷气候的骨骼结构。这些特征表明,尼安德特人已经适应了冰期环境,并具有一定的技术和文化水平,如使用工具和制造装饰品。

随着基因测序技术的发展,科学家们开始研究尼安德特人与现代人类基因的关系。2008年,科学家们首次成功地从尼安德特人化石中提取出了完整的线粒体DNA,并与现代人类的基因组进行了比较。这项研究显示,尼安德特人与现代人类在基因上有一定的相似性,但它们并不是现代人类的直接祖先,而是与现代人类在进化树上有共同的祖先。

进一步的研究发现,现代非洲以外的人类基因组中含有约1%到2%的尼安德特人基因。这表明,早期智人与尼安德特人之间存在基因流动,这可能是在古人类迁徙和互动过程中发生的。这种基因混合的现象提供了证据,说明现代人类与尼安德特人在一定程度上存在过交流和交配。

(2) 尼安德特人与智人互动的考古证据

除了基因研究,考古学也提供了尼安德特人与智人互动的证据。在一些考古遗址中,科学家发现了同时存在的尼安德特人和智人的文化遗物。这些遗物包括工具、雕刻品以及居住遗址,显示出这两种古人类可能在某些地区有过接触和互动。例如,在以色列的卡法尔哈霍乌洞穴(Qafzeh Cave)和马塔尔洞穴(Matar Cave)中,考古学家发现了尼安德特人与早期智人共同使用的工具和遗址。这些证据表明,尼安德特人与智人可能在某些地区分享了生活资源,并有过文化交流。

此外,研究人员还发现了尼安德特人与智人之间的技术交流。例如,尼安德特人制作的石器工具和智人制作的工具之间存在某些相似之处,这可能是由于两者之间的文化接触和技术传递所导致的。这些证据为理解尼安德特人与智人之间的关系提供了更多的背景和细节。

2. 智人的全球扩散

(1) 智人离开非洲后的迁移路线与全球扩散

智人的全球扩散是人类演化历史上的一个重要事件。约6万年前,智人从非洲开始迁徙,逐渐扩散到全球各地。这一过程涉及多个迁徙波次和路线,不同地区的智人群体在迁徙过程中适应了各种环境条件。

根据考古学和遗传学的证据,智人的迁徙路线大致可以分为以下几个主要阶段。一是首次走出非洲。智人最初从东非迁徙,经过中东地区进入欧亚大陆。这一迁徙波次被称为"非洲欧亚迁徙",其路径可能沿着红海沿岸或经过西亚地区。二是进入欧洲和亚洲。智人在大约4万年前开始进入欧洲和亚洲。这一过程伴随着气候变化和环境变化,智人需要适应不同的生态系统。进入欧洲的智人与当地的尼安德特人接触并可能发生基因交流。三是扩散到东亚和南亚。智人在约3万年前扩散到东亚和南亚地区。在这一过程中,智人与当地的古人类群体发生了互动和融合。例如,在中国的周口店遗址和日本的阿波岛遗址中发现的古人类化石提供了早期智人在这些地区的证据。四是进入澳大利亚和美洲。智人最终扩散到澳大利亚和美洲地区。智人通过陆桥或沿海路线迁徙到这些地区,形成了新的文化和技术体系。澳大利亚的考古遗址显示了智人在这一地区的早期存在,而美洲的考古学研究则揭示了智人如何适应新环境并发展出独特的文化特征。

（2）不同地区现代人类的基因流动与多样性

智人的全球扩散不仅导致了不同地区人类文化的多样化,还促进了基因流动和遗传多样性的形成。现代人类基因组的研究揭示了不同地区人群之间的基因流动和遗传变异,这些变异反映了人类在迁徙和适应过程中发生的演化变化。

在非洲以外的地区,现代人类基因组显示了较高的遗传多样性。这种多样性与人类在这些地区的迁徙历史和环境适应有关。例如,东亚人群和南亚人群的基因组中存在特定的遗传变异,这些变异与环境适应和文化习俗有关。南亚和东亚人群的基因组显示出对某些环境压力的适应,如紫外线辐射和饮食习惯。

在欧洲,现代人类的基因组中也存在特定的遗传变异,这些变异与气候变化和饮食习惯相关。例如,欧洲人群中常见的乳糖耐受性基因变异,与早期农耕社会的发展和牛奶消费有关。这一基因变异的普及反映了欧洲人群在适应环境和文化变迁方面的演化历程。

在美洲和澳大利亚,现代人类的基因组显示出与亚欧大陆人群的基因流动和适应相关的变异。美洲土著人群的基因组中存在特定的遗传标记,这些标记反映了智人迁徙到美洲后的基因组变异和适应。

三、人类文化的演化

1. 石器时代的技术发展

（1）从旧石器时代到新石器时代的技术进步

石器时代是人类历史上的一个重要时期,涵盖了从最早的石器制造到农业社会的形成。这个时期可以分为旧石器时代和新石器时代两个阶段,每个阶段都有其特定的技术进步和社会变革。

旧石器时代(约250万年前至公元前1万年)是石器时代的最早阶段,主要以打制石器为特征。在这一时期,人类使用简单的石器工具,如砍刀和刮削器,用于狩猎、采集和日常生活。旧石器时代的技术进步主要体现在工具制造的精细化和多样化。早期人类通过打制技术制造出更为锋利的石器,这些工具不仅提高了猎物的处理效率,还改善了食物的获取方式。

进入中期旧石器时代(约20万年前至4万年前),人类的技术逐渐进步,出现了如手斧、刮削器等更为精致的石器。同时,这一时期也见证了艺术创作的出现,如洞穴壁画和雕刻,这些文化遗产为研究早期人类的社会和思维提供了宝贵的线索。

新石器时代(约公元前1万年至公元前3000年)标志着技术和社会的重大变革。在这一时期,人类开始发展出磨制石器,如磨盘和磨棒,这些工具的出现使得粮食加工变得更加高效。新石器时代最重要的技术进步是农业的发明。人类开始驯化植物和动物,发展出农业生产,这一变革不仅改变了食物获取的方式,也推动了定居生活的形成。

随着农业的发展,村落和定居点开始出现,社会结构逐渐复杂化。新石器时代晚期,人类社会出现了更加复杂的社会组织形式,如宗教祭祀、社会分工和贸易活动。这些技术进步和社会变革为后来的文明发展奠定了基础。

（2）火的使用、工具的制造及其对人类社会的影响

火的使用是人类历史上的一项重大技术进步,对人类社会的发展产生了深远的影响。早期人类学会了利用火进行烹饪、取暖和保护,这些用途不仅提高了食物的消化效率,还延长了食物的保存时间。此外,火的使用还增强了早期人类的生存能力,使他们能够在寒冷的环境中生存。

火的使用与工具的制造密切相关。早期人类利用火对石器进行热处理,使石器变得更加锋利和耐用。这一技术的出现进一步提高了石器的使用效率,推动了工具制造的精细化和多样化。

火的使用和工具的制造对人类社会的影响是深远的。火的使用不仅改善了早期人类的生活条件,还促进了社会的分工和合作。随着工具技术的进步,人类能够更有效地进行狩猎、采集和农业生产,这些技术进步为社会的复杂化和文化的发展提供了支持。

2. 语言与社会结构

（1）语言的起源与人类社会的复杂化

语言的起源是人类演化史上的一个关键问题。语言不仅是人类沟通和交流的工具,也是社会结构和文化的基础。语言的起源涉及生物学、考古学和语言学等多个学科的研究。根据现有的研究,语言的起源可能与早期人类的社会生活和智力发展密切相关。早期人类的社会生活需要一种有效的沟通方式,以协调群体活动和传递信息。随着社会的复杂化,语言逐渐演变成一个更加复杂的系统,用于表达思想、传递文化和维持社会秩序。

语言的起源也与大脑的进化有关。早期人类的大脑结构和功能发生了变化,使得语言能力得以发展。例如,布罗卡区和威尔尼克区等大脑区域与语言的产生和理解密切相关。随着这些区域的发育,人类能够进行更为复杂的语言交流。

语言的出现推动了社会结构的复杂化。早期人类社会的组织形式逐渐由简单的

狩猎采集群体发展为复杂的部落和村落。语言使得人类能够建立更加紧密的社会联系,形成了规则、习俗和文化传承。语言的多样性和复杂性也促进了社会的多样化和文化的丰富性。

(2) 早期人类社会的组织形式与文化特征

早期人类社会的组织形式和文化特征随着技术进步和语言的发展而不断演变。早期人类社会的组织形式主要包括狩猎采集社会、农业社会和部落社会等。

在狩猎采集社会中,人类以小型的群体为单位,进行狩猎和采集活动。这种社会组织形式强调了平等和合作,群体成员之间的关系通常是平等的,没有明显的社会等级分化。狩猎采集社会的文化特征主要体现在对自然环境的依赖和对资源的共享。

随着农业的出现,人类社会开始发展出定居生活和复杂的社会组织。农业社会的特点包括定居点的建立、社会分工的出现和财富的积累。农业生产的稳定性使得人们能够形成较大的社会群体,并发展出更加复杂的社会结构和文化习俗。

部落社会则是在农业社会基础上进一步发展的社会形式。部落社会通常具有较为明确的社会等级和组织形式,包括首领、祭司和工匠等。部落社会的文化特征包括宗教信仰、社会规范和集体活动。部落成员之间的关系不仅受到血缘和亲属关系的影响,还受到社会地位和经济资源的影响。

第四节　陆地植物的兴起

一、藻类的起源与早期植物

1. 藻类的进化与多样性

(1) 单细胞藻类到多细胞藻类的演变

藻类的进化过程展示了从单细胞到多细胞形式的复杂演变。这一过程不仅体现了生物多样性的增加,也为地球生态系统的发展提供了基础。藻类的最早出现可以追溯到约 35 亿年前,当时的藻类主要是单细胞形式,如蓝绿藻(蓝藻)和绿藻。

单细胞藻类是早期光合作用的代表,它们通过光合作用将太阳能转化为化学能,为地球早期生命提供了重要的氧气和有机物质。蓝绿藻不仅具有光合作用的能力,还能够固定大气中的氮,为早期环境提供了关键的营养物质。这些藻类的存在标志着地球上生命的起源,并为后续的生物进化创造了条件。

随着时间的推移,藻类开始向多细胞形式演化。这一过程在古生代和中生代的海洋环境中逐渐展开。多细胞藻类具备更复杂的结构和功能,这使它们能够更好地适应不同的环境条件。以绿藻为例,它们的发展展示了从简单的单细胞形式到复杂的多细胞结构的演变。例如,大型绿藻[如石莼(Chara)]展示了类似陆生植物的结构特征,包括分枝的茎和叶状器官。这些结构使绿藻能够在更为复杂的生态环境中生存和繁殖。

红藻(Rhodophyta)也是重要的多细胞藻类,其红色素来源于藻红素和类胡萝卜素。红藻的细胞壁中含有复杂的多糖成分,这使得它们能够在较深的海洋环境中生存。红藻的化石记录显示,它们在地球上已有超过 10 亿年的历史。红藻不仅在生态系统中发挥了重要作用,还为早期植物的演化提供了遗传资源。

(2)红藻与绿藻在植物进化中的重要性

红藻和绿藻在植物进化中的作用不可忽视。红藻的生物学特性使其成为研究早期植物演化的重要对象。红藻的生态角色包括在深海环境中提供食物链的基础,并在全球海洋生态系统中发挥着重要作用。其复杂的生物化学特征和适应能力展示了早期光合生物在极端环境中的生存策略。

绿藻则与陆生植物有更直接的关系。研究表明,陆生植物与绿藻共享一个共同的祖先,绿藻的某些种类具有类似于早期陆生植物的特征,如多细胞结构和光合作用机制。例如,石莼被认为是陆生植物亲缘关系最密切的现存藻类之一,其结构和功能特征与早期陆生植物非常相似。这些特征包括简单的分枝结构和多细胞组成,这些都是陆生植物适应陆地环境的重要步骤。

绿藻的多样性包括从单细胞到复杂的多细胞形式,这些形式展示了从早期水生环境到陆生环境的过渡。绿藻的演化为陆生植物提供了关键的遗传材料和适应机制,使得植物能够逐步适应不同的环境条件,从而推动了植物界的多样性和生态系统的复杂性。

2. 植物登陆

(1)植物从水生到陆生环境的适应过程

植物从水生环境成功登陆是地球生命史上的一个重要事件。这一过程涉及植物如何从湿润的水生环境适应干燥的陆生环境,并发展出一系列的适应性特征,以支持其在新的生态系统中的生存。

在古生代的志留纪(约 4 亿年前),早期的陆生植物主要包括苔藓类植物和蕨类植物。这些植物是早期陆地生态系统的重要组成部分,它们的生存和繁殖为后续植物的进化奠定了基础。早期植物在登陆过程中必须应对一系列的挑战,如水分的缺乏、气体交换的需求以及重力的影响。

为了适应陆生环境,早期植物发展出了多种适应性特征。首先,植物需要能够有效地从环境中获取水分,因此它们逐渐演化出了根系。根系不仅有助于植物固定在土壤中,还能吸收土壤中的水分和养分。其次,植物发展出了气孔,用于调节气体交换和减少水分蒸发。气孔的出现使得植物能够有效地进行光合作用,同时减少水分的损失。

早期植物还发展出了茎和叶。茎的出现使得植物能够支撑自己的体重,并保持直立的姿态。叶的出现则增加了光合作用的表面积,提高了植物对光能的利用效率。此外,植物还发展出了表皮组织,用于保护植物体免受干燥和紫外线的影响。

(2) 重要化石:古代苔藓类植物及其生活环境

古代苔藓类植物是早期陆生植物的重要代表,它们的化石记录为我们提供了有关早期植物生长和环境适应的宝贵信息。这些植物通常具有简单的结构,包括较小的体积和较低的生长高度,这使得它们能够在早期陆地环境中生存。

古代苔藓类植物的化石主要集中在古生代志留纪和泥盆纪的沉积岩中。这些化石展示了早期植物的结构特征和生活环境。例如,古苔藓(如 Rhynia 和 Cooksonia)的化石揭示了早期植物具有简单茎和叶状器官。这些植物的存在表明早期陆地环境已经开始支持植物的生长。

古代苔藓类植物通常生活在湿润环境中,如河岸、湖泊沿岸和湿地。这些环境提供了足够的水分,支持植物的生长和繁殖。随着时间的推移,早期植物逐渐适应了更为干燥的环境,发展出了更加复杂的结构和功能。

古代苔藓类植物的研究不仅揭示了早期陆生植物的结构和功能特征,还提供了早期陆地生态系统的演化信息。通过对这些化石的研究,我们可以更好地理解植物如何从水生环境成功登陆,并在新的环境中发展出适应性的特征。

二、地衣、苔藓与蕨类植物

1. 地衣的生态作用

(1) 地衣在早期陆地生态系统中的作用

地衣是一种具有重要生态意义的植物复合体,由真菌和光合生物(如藻类或蓝藻)共生而成。地衣不仅在早期陆地生态系统中发挥了关键作用,还在现代生态系统中扮演着多种重要角色。本书将探讨地衣在早期陆地生态系统中的作用及其与真菌的共生关系,以及苔藓植物的扩展和蕨类植物的繁荣与演化。

地衣作为最早的陆生植物之一,扮演了早期陆地生态系统中的重要角色。在古生代,尤其是在泥盆纪和石炭纪,地衣成为陆地植被的重要组成部分。它们不仅在生态系统中建立了稳定的基质,还为后续的植物群落发展创造了条件。地衣具有极强的生态适应性,能够在各种极端环境中生存,包括干旱、寒冷和贫瘠的土壤。地衣在早期陆地生态系统中通过以下几种方式发挥了作用。一是土壤形成。地衣通过其独特的生物化学作用促进了土壤的形成。地衣的生长能够分解岩石中的矿物质,释放出有机物质,为土壤的形成提供了基础。地衣的根状结构(假根)也有助于土壤的结构稳定,使得早期植物能够更好地扎根。二是生态先驱。地衣在未被植被覆盖的裸露土壤上首当其冲地生长。它们在这些恶劣环境中建立了初步的生态基质,为其他植物的到来创造了条件。地衣的存在能够逐渐改善土壤的营养状况,并减少风化和侵蚀的影响。三是生态位的占据。地衣能够在植物尚未完全占据的环境中占据生态位。它们通过自身的生长和繁殖,提供了栖息地和资源,为其他植物的生长创造了条件。地衣能够适应各种极端环境,从而在这些环境中发挥了独特的生态作用。

（2）地衣与真菌的共生关系

地衣的独特之处在于其由真菌和光合生物(如藻类或蓝藻)共同组成。地衣的形成过程是一个复杂的共生关系,真菌和光合生物之间的相互作用使得地衣能够在各种环境中生存。地衣与真菌的共生关系体现在以下几个方面。一是营养供应。地衣中的真菌通过与光合生物的共生,获得了光合生物提供的有机物质,而光合生物则从真菌中获得了矿物质和水分。真菌通过其广泛的菌丝网络吸收土壤中的营养物质,并将这些营养物质输送给光合生物。光合生物则通过光合作用生产有机物质,供给真菌。二是环境适应。地衣中的真菌能够在极端环境中生存,并为光合生物提供保护。真菌的菌丝网络能够防止水分的流失,同时为光合生物提供了一种稳定的生长环境。光合生物则通过光合作用为真菌提供能量,确保双方的共同生存。三是繁殖与扩展。地衣的繁殖方式通常包括孢子和体外繁殖。真菌和光合生物通过共同的繁殖机制,能够在各种环境中进行繁殖和扩展。地衣的繁殖方式使其能够迅速占据新的环境,并在这些环境中建立稳定的生长基础。

2. 苔藓植物的扩展

（1）苔藓植物的生态适应性

苔藓植物作为早期陆生植物的重要代表,展现了极强的生态适应性。苔藓植物的生态适应性体现在以下几个方面。一是水分利用。苔藓植物具有较强的水分利用能力。它们能够通过其表面毛状结构(假根)有效地吸收环境中的水分,并在干旱条件下维持较长时间的生存。苔藓植物的表面结构和生理机制使其能够在干旱和湿润环境中生存,并进行光合作用。二是环境适应。苔藓植物能够在各种环境中生存,包括贫瘠的土壤、岩石表面和湿地。它们通过适应性生理机制,如耐旱性和耐寒性,能够在极端环境中繁衍生息。苔藓植物的广泛分布和生长特性使其能够在各种生态系统中发挥重要作用。三是繁殖与扩展。苔藓植物的繁殖方式包括孢子和无性繁殖。孢子能够通过风力或水流传播,迅速占据新的环境。无性繁殖通过体外繁殖(如芽)使苔藓植物能够在短时间内迅速扩展。苔藓植物的繁殖能力使其能够在新的环境中迅速建立稳定的群落。

(2) 苔藓植物在早期陆地植物群落中的地位

苔藓植物在早期陆地植物群落中占据重要地位,它们为陆地生态系统的发展奠定了基础。苔藓植物的地位体现在以下几个方面。一是生态先驱。苔藓植物在早期陆地生态系统中充当生态先驱的角色。它们在裸露土壤和岩石表面上首当其冲地生长,为后续植物的到来创造了条件。苔藓植物的存在改善了土壤的营养状况,减少了侵蚀,并为其他植物的生长提供了基础。二是生物多样性。苔藓植物的多样性展示了早期陆地植物群落的复杂性。不同种类的苔藓植物能够在不同的环境中生存,并提供丰富的生态位。苔藓植物的多样性使得早期陆地生态系统具有较强的适应性和稳定性。三是生态功能。苔藓植物在早期陆地生态系统中发挥着多种生态功能,如水分保持、土壤固定和生物栖息地提供。苔藓植物的存在能够调节生态系统的水分循环、土壤结构和生物多样性,为后续植物的演化和发展创造条件。

3. 蕨类植物的繁荣与演化

(1) 碳纪时期蕨类植物的多样化

蕨类植物在碳纪(约 3.6 亿年前至 2.9 亿年前)时期经历了显著的多样化。碳纪时期的环境条件非常适合蕨类植物的生长,使得它们在这一时期迅速繁荣。蕨类植物的多样化体现在以下几个方面。一是生长形式的多样性。碳纪时期的蕨类植物表现出多种生长形式,包括大型蕨类植物、藤本蕨类植物和树蕨。大型蕨类植物能够在湿润的环境中迅速生长,而藤本蕨类植物则适应了较为复杂的生态系统。树蕨则成为碳纪森林的主要组成部分,形成了宏伟的森林景观。二是生态适应性。碳纪时期的蕨类植物展示了极强的生态适应性。它们能够在不同的环境中生存,包括湿地、森林和沼泽。蕨类植物的生态适应性使其能够在碳纪时期的各种环境中繁衍生息,并形成了丰富的植物群落。三是繁殖机制。碳纪时期的蕨类植物具有复杂的繁殖机制,包括孢子的产生和散布。孢子能够通过风力和水流传播,使蕨类植物能够迅速占据新的环境。蕨类植物的繁殖机制确保了它们在碳纪时期的广泛分布和繁荣。

(2) 碳纪时期蕨类植物与煤炭森林的形成

碳纪时期的蕨类植物与煤炭森林的形成有着密切的关系。碳纪时期的森林生态系统主要由蕨类植物组成,这些植物的积累和演化为煤炭的形成提供了基础。碳纪时期蕨类植物与煤炭森林的关系体现在以下几个方面。一是煤炭形成。碳纪时期的蕨类植物通过积累和埋藏形成了大量的有机质。这些有机质在沉积过程中逐渐转化为煤炭。煤炭的形成过程包括植物的死亡、埋藏、压缩和碳化,最终形成了煤层。二是生态系统的演变。碳纪时期的蕨类植物与煤炭森林的形成展示了植物界的演变过程。蕨类植物的多样化和繁荣为煤炭森林的形成创造了条件,而煤炭森林的存在则对全球气候和生态系统产生了重要影响。煤炭森林的形成标志着植物界的重要演化事件,并对地球历史产生了深远的影响。三是古环境的重建。通过研究碳纪时期的蕨类植物化石和煤层,我们可以重建古代环境和生态系统。蕨类植物的化石记录揭示了碳纪时期的森林景观、气候条件和生态系统结构,为我们理解地球历史上的环境变化提供重要信息。

三、裸子植物与被子植物的演化

1. 裸子植物的兴起与分化

(1) 裸子植物的适应性

裸子植物在植物演化过程中展现了高度的适应性,使它们能够在各种环境中生存并繁衍。其适应性体现在以下几个方面。一是种子结构的演化。裸子植物的种子裸露,直接暴露在环境中,这种结构使其在干燥环境中具有较强的适应能力。种子外层的保护性结构,如坚硬的种皮和营养丰富的胚乳,有助于种子在不利环境中保持活力,并在适宜的条件下发芽。二是繁殖方式的多样化。裸子植物通常通过风媒授粉,这种繁殖方式能够在开阔的环境中有效传播花粉。风媒授粉减少了对水媒和昆虫媒介的依赖,使裸子植物能够在干旱或寒冷的环境中生存。此外,裸子植物的种子在发芽前不需要水分,这使得它们能够在缺水的环境中生存。三是耐寒性和耐旱性。裸子植物具有较强的耐寒性和耐旱性。许多裸子植物,如松树和杉树,能够在寒冷的北方和干旱的高原地区生长。这种适应性使得裸子植物能够在全球范围内的各种气候条件下繁衍生息。四是树木形态的演化。裸子植物的许多代表性物种,如松树、杉树和银杏,通常具有高度的树木形态。这种形态使得裸子植物能够在竞争激烈的生态系统中占据优势,同时在适应光照和资源分配方面展现出优越性。

(2) 裸子植物的演化历史

裸子植物的演化历史可以分为古生代晚期、中生代和新生代三个重要阶段。古生代晚期,裸子植物的最早祖先出现在古生代晚期,特别是在二叠纪和三叠纪时期。这个时期的裸子植物包括了最早的种子植物,如原始的针叶植物和古代的苏铁类植物。这些早期裸子植物的出现标志着植物界的一次重大演化突破,它们的种子结构和繁殖方式为后来的植物发展奠定了基础。中生代,在侏罗纪和白垩纪时期,裸子植物经历了进一步的分化和演化。这一时期出现了许多现代裸子植物的祖先,如松柏类和银杏类植物。裸子植物在这一时期不仅繁殖方式多样化,而且形态特征也发生了显著变化,为其在各种环境中的生存提供了支持。在新生代,裸子植物继续演化并适应了新的环境条件。随着气候的变化和生态系统的演变,裸子植物在全球范围内分布广泛,包括温带森林、亚寒带森林和热带山区。裸子植物在新生代的演化展示了其在不同环境中生存和适应的能力。

2. 被子植物的起源与多样性

(1)被子植物的突然出现与辐射演化

被子植物的出现被认为是植物演化史上的一次重大事件。被子植物在白垩纪早期突然出现,并迅速辐射演化,形成了现代植物的主要组成部分。被子植物的突然出现和辐射演化体现在以下几个方面。一是早期被子植物的出现。最早的被子植物化石出现在白垩纪的地层中。早期的被子植物通常为小型草本植物,它们在生态系统中占据了重要的生态位。早期被子植物的出现标志着植物界的一次重大变革,为后来的植物演化提供了基础。二是辐射演化。被子植物在出现后的短时间内迅速辐射演化,形成了大量的科、属和种。被子植物的辐射演化使得它们能够适应各种环境,并形成了丰富的植物群落。被子植物的辐射演化与环境变化和生态竞争密切相关,它们的多样性展示了植物界的复杂性和适应性。三是生态适应性。被子植物具有较强的生态适应性。它们能够在各种环境中生存,包括湿地、干旱地区和寒冷地区。被子植物的生态适应性使其能够在全球范围内形成广泛的分布,并在各种生态系统中扮演重要角色。

(2)花与果实的进化及其对植物繁殖策略的影响

花和果实的进化是被子植物成功的关键因素之一。花和果实的出现不仅为被子植物提供了有效的繁殖机制,还在植物繁殖策略中发挥了重要作用。花和果实的进化及其影响体现在以下几个方面。一是花的进化。花是被子植物的繁殖器官,其进化标志着植物繁殖策略的一次重大突破。花的出现使被子植物能够通过昆虫授粉或风媒授粉进行繁殖,从而提高了授粉的效率。花的结构多样性使得被子植物能够吸引不同的授粉媒介,并在繁殖过程中发挥重要作用。二是果实的进化。果实是被子植物的另一个重要特征,它为种子提供了保护,并促进了种子的传播。果实的进化使被子植物能够通过不同的传播方式,如动物传播、风传播和水传播,扩大其分布范围。果实的多样性展示了被子植物在不同环境中的适应能力和繁殖策略。三是植物繁殖策略。花和果实的进化对被子植物的繁殖策略产生了深远影响。被子植物通过花的授粉和果实的传播,能够有效地提高种子的繁殖成功率。花和果实的进化使得被子植物能够在各种环境中生存并繁衍,形成了丰富的植物群落。

四、植物分类与演化树

1. 植物分类学的发展

(1) 从形态学分类到现代植物分类的发展

植物分类学的历史可以追溯到古希腊时期,最早的植物学家如泰奥弗拉斯托斯(Theophrastus),他在公元前 3 世纪系统地描述了约 500 种植物,并首次提出了植物分类的概念。然而,植物分类学真正的发展是在 18 世纪,瑞典科学家卡尔·林奈(Carl Linnaeus)提出了双名法(Binomial Nomenclature),奠定了现代植物分类学的基础。林奈的系统基于植物的形态特征,特别是生殖结构,如花、果实和叶子的形态,这种形态学分类方法在之后的两个多世纪中一直是植物分类的主要依据。

随着时间的推移,科学家们意识到,仅依赖形态特征进行分类存在一定的局限性,尤其是在处理形态相似但遗传距离较远的植物时,这种方法可能会导致错误的分类。例如,有些植物在外观上非常相似,但通过化学或遗传分析可以发现它们属于完全不同的分类群。因此,分类学家开始探索新的分类方法。

进入 20 世纪后,随着细胞学和生物化学的发展,植物分类学逐渐引入了细胞学特征和化学成分分析,特别是通过染色体数量和结构的研究,以及化学成分(如次生代谢产物)的比较来辅助分类。此外,分布区、生态环境和生活史等生态学特征也逐渐纳入分类考量。这样的多学科综合方法,使得植物分类更加系统和精确,克服了单一形态学分类的局限性。

(2) 分子生物学在植物分类中的应用

20 世纪末,随着分子生物学技术的飞速发展,植物分类学迎来了革命性的变化。DNA 序列分析技术的引入,使得植物分类学进入了一个全新的阶段。通过分析植物的基因组,科学家们能够更为精确地确定不同植物之间的亲缘关系,这一方法被称为分子分类学或系统发生学(Phylogenetics)。

分子分类学的核心是通过比较植物基因组中特定基因的序列,推断出植物之间的进化关系。这些基因包括核基因、线粒体基因和叶绿体基因等,其中叶绿体基因组因其遗传稳定性和较低的进化速率,被广泛用于植物的分子分类研究。通过对这些基因的序列进行比对,科学家能够构建出植物的分子进化树,揭示出植物之间更为深层次的亲缘关系。

分子生物学的应用不仅解决了许多长期困扰植物分类学家的难题,还重新定义了许多植物类群的分类。例如,传统分类学将被子植物分为双子叶植物和单子叶植物两个大类,而分子分类学则揭示出双子叶植物并非单系群,而是由多个不同的进化支系组成。因此,传统的双子叶植物概念被拆分,重新建立了更符合进化历史的分类体系。

此外,分子分类学还在古植物学中发挥了重要作用。通过分析化石植物的 DNA 序列,科学家可以追溯现存植物的祖先,重建植物的进化历史。这一研究不仅加深了对植物演化过程的理解,还为研究地球的环境变化提供了重要的生物学证据。

2. 植物的演化树

(1) 植物进化树的概念与构建方法

随着分子生物学的发展,现代植物分类系统的构建得到了极大的推进。进化树(Phylogenetic Tree)作为反映植物亲缘关系的重要工具,基于共同祖先的概念,通过分析不同植物间的遗传差异,推断出它们的进化路径和演化关系。进化树不仅能够展示不同植物类群之间的亲缘关系,还可以揭示它们的共同祖先以及演化历史,为深入理解植物的起源和发展提供了科学依据。

进化树的构建通常依赖于分子数据,特别是基因序列的比对分析。主要的方法包括系统发生分析法(Phylogenetic Analysis)和分子钟技术(Molecular Clock)。系统发生分析法通过比较不同植物的基因序列,计算出它们之间的遗传距离,并据此构建出反映亲缘关系的进化树。而分子钟技术则假设基因序列的变异速率相对恒定,利用不同植物间的基因差异,推测出它们的分化时间和进化路径。这些方法的结合应用,使得科学家能够更加准确地重建植物的演化历史。

(2) 进化树在植物分类学中的应用

进化树的构建在现代植物分类学中具有重要的应用价值。传统的分类方法主要基于形态学特征,容易受到环境因素和形态多样性的影响,存在一定的局限性。通过进化树分析,分类学家可以依据分子水平的遗传信息,准确地确定植物类群之间的亲缘关系,从而建立更加自然和科学的分类体系。

利用进化树,科学家能够重新评估和修订现有的植物分类,纠正过去基于形态学误判导致的分类错误。此外,进化树还可以帮助发现新的植物物种和类群,深入了解植物多样性的起源和演化过程。这对于保护濒危物种、维持生态平衡以及合理利用植物资源都有着重要的意义。

(3) 进化树对植物演化和生物多样性研究的贡献

通过进化树的分析,科学家能够深入探究植物类群的起源与演化历史,揭示出某些植物在特定地理区域或气候条件下的辐射演化过程。例如,研究显示,被子植物在白垩纪时期经历了快速的多样化,这与当时的环境变化和生态机会密切相关。这样的研究有助于理解地球历史上的重大生物事件,如大陆漂移、气候变化和大灭绝事件对植物演化的影响,并为预测未来环境变化对植物多样性的潜在影响提供科学依据。

此外,进化树还为研究植物与其他生物之间的共同演化关系提供了重要线索。例如,通过分析植物和传粉昆虫的共同进化历史,可以揭示出复杂的生态互作模式,以及这些互作如何推动了双方的多样化和适应性演化。

（4）植物演化对地球生态系统的影响

植物的演化对地球生态系统产生了深远而广泛的影响。首先,植物通过光合作用,吸收二氧化碳并释放氧气,为地球大气中的氧气积累奠定了基础。大约24亿年前发生的"大氧化事件"（Great Oxidation Event）显著增加了大气中的氧气含量,促进了复杂生命形式的出现和演化。

其次,植物通过其根系与土壤的相互作用,促进了土壤的形成和改良。植物根系分泌的有机酸加速了岩石的风化过程,产生了丰富的矿物质和有机物,形成肥沃的土壤,为陆地生态系统的发展提供了坚实基础。同时,植物的大量繁茂和有机物质的积累,特别是在碳纪时期的蕨类和裸子植物,促成了煤炭等化石燃料的形成,对地球的碳循环和能源储备产生了深远影响。

此外,植物作为生态系统的初级生产者,通过光合作用将太阳能转化为化学能,为食物链的其他层级提供了基本的能量来源。植物的多样化和广泛分布直接影响了全球生态系统的结构和功能,塑造了各种生物群落和生态环境。

（5）植物演化与人类社会发展的关系

植物的演化和多样性对人类社会的发展和进步起到了关键作用。自农业革命以来,人类通过驯化和种植各种植物,建立了稳定的粮食供应和农业文明,推动了人口增长和社会复杂性的提升。植物不仅为人类提供了食物、纤维、药物和建筑材料等基本生活资源,还在文化、宗教和艺术中占据了重要地位,丰富人类的精神世界。

现代社会中,植物多样性为医药、生物技术和环境保护等领域提供了宝贵的资源和灵感。对植物进化树和分类学的深入研究,有助于我们更好地保护和可持续利用植物资源,应对全球环境变化和生态挑战。同时,这些研究也为探索新型药物、改良作物品种和恢复生态系统提供了科学指导,促进人类社会的可持续发展。

 思考题

1. 在化学进化论、深海热液口理论和宇宙种子论这三种生命起源理论中,哪一种最能解释早期地球环境下的生命诞生?请结合现有证据和理论,讨论你认为最有可能的生命起源方式及其科学意义。

2. 达尔文的自然选择学说和现代综合进化论是生物进化研究的重要里程碑。你认为现代综合进化论如何克服了达尔文理论的不足?请分析现代综合进化论如何应对现代生物学挑战,如遗传突变和基因漂变。

3. 微生物化石为生命起源提供了重要证据。请讨论早期地球环境如何影响这些化石的形成与保存,以及化石记录的局限性如何影响我们对生命起源的认识。

4. 脊椎动物的起源是生物进化中的重要一环。请结合具体化石或基因证据,讨论脊椎动物从无脊椎动物中分化出来的可能途径及其环境背景。

5. 两栖类和爬行类动物在地球上的演化反映了生物适应陆地环境的过程。请分析这些动物在适应陆地环境时面临的挑战和演化的关键特征,以及这些特征如何帮助它们占据新的生态位。

6. 恐龙的多样性和鸟类的起源是古生物学研究的热点问题。请讨论鸟类起源于兽脚类恐龙的主要证据,以及这一发现如何改变了我们对现代鸟类的认识。

7. 非洲起源假说是目前人类起源研究中的主流理论。请结合基因和化石证据,讨论非洲起源假说的科学依据,以及这一理论对理解现代人类多样性的意义。

8. 人类种源的演化涉及复杂的迁徙和基因交流过程。请分析不同人类种群之间的基因交流如何影响现代人类的遗传多样性,以及这一过程对当前人类社会有什么启示。

9. 文化演化是人类与其他物种的重要区别之一。请讨论文化演化如何与生物进化相互作用,推动了人类社会的发展,以及现代社会中有哪些文化元素可能影响未来的人类演化。

10. 藻类和早期植物是地球上最早适应陆地环境的生物。请讨论藻类在演化为陆地植物的过程中经历了哪些重要变革,以及这些变革如何帮助植物在陆地上成功定居。

11. 地衣、苔藓和蕨类植物的演化体现了植物对不同环境的适应能力。请分析这些植物在各自生态系统中的角色及其演化路径,以及如何从中获得对环境保护的启示。

12. 裸子植物和被子植物的演化过程展示了植物在繁殖和多样性上的巨大变化。请讨论被子植物如何在地球历史上迅速多样化,并成为现代植物界的主导类群,以及这一过程对生态系统的稳定性有什么影响。

13. 植物分类和演化树是理解植物多样性的重要工具。请结合具体例子,讨论分子生物学如何帮助我们更准确地构建植物的演化树,以及未来植物分类研究可能面临哪些挑战。

推荐阅读书籍

1. 管康林:《生命起源与演化》,浙江大学出版社,2012.

2. 殷赣新:《生命起源和进化的全新演绎》,科学技术文献出版社,2013.

3. 顾永高:《生命起源与进化争鸣》,新疆青少年出版社,2004.

4. 保罗·戴维斯:《第五项奇迹 生命起源之探索》,译林出版社,2004.

5. 周俊:《生命地球同源论 关于地球生命起源与有机演化的同源学说》,中国科学技术大学出版社,2017.

6. 王佃亮:《神秘的生命起源》,广西教育出版社,2001.

7. 张德永:《生命起源探索》,上海科学技术出版社,1979.

8. 耿月红:《人类生命起源之谜》,中国国际广播出版社,1999.

9. 彭奕欣:《生命的起源》,民族出版社,1986.

10. 顾坤明:《生命与意识的起源》,九州出版社,2014.

11. E.H.科尔伯特:《脊椎动物的进化 各时代脊椎动物的历史》,地质出版社,1976.

12. 周明镇:《脊椎动物进化史》,科学出版社,1979.

13. 王湘君:《脊椎动物类群及动物进化研究》,电子科技大学出版社,2018.

14. 徐星:《未亡的恐龙》,上海科学技术出版社,2001.

15. 侯连海,周忠和,张福成,等:《中国辽西中生代鸟类》,辽宁科学技术出版社,2002.

16. 张春霖:《两栖类和爬行类的演化》,北京师范大学出版社,1952.

17. 江涛,博源:《自然生灵——动物 爬行类 两栖类 鱼类》,中国环境科学出版社,2003.

18. 黄正一:《两栖类和爬行类》,上海教育出版社,1986.

19. 何业恒:《中国珍稀爬行类两栖类和鱼类的历史变迁》,湖南师范大学出版社,1997.

20. 武云飞:《海洋脊椎动物学》,中国海洋大学出版社,2013.

21. 袁岳:《动物进化史》,中国广播电视出版社,2011.

22. 李慕南:《人类起源新探》,北方妇女儿童出版社,2019.

23. 尹丽华:《野人家族大调查》,吉林出版集团,2019.

24. 尹丽华:《探秘人类起源之谜》,吉林出版集团,2014.

25. 贾兰坡:《人类起源的演化过程》,文化发展出版社,2022.

26. 山郁林:《工具行为在人类演化中的作用研究》,中国社会科学出版社,2020.

27. 翁启宇:《全球史下看中国 第1卷 从人类演化到四大河文明》,上海社会科学院出版社,2021.

28. 高福进:《地球与人类文化编年:文明通史》,上海人民出版社,2003.

29. 王幼平:《中国远古人类文化的源流》,科学出版社,2005.

30. 王贵声:《人类文化进化论》,中国言实出版社,2007.

31. 刘舜康:《人类文化进化 从狩猎采集到现代文明》,西北大学出版社,2022.

32. 董枝明,胡杨:《看不见的科学世界 寻觅失踪的生命》,河北科学技术出版社,2012.

33. 周志炎:《湘西南早侏罗世早期植物化石》,科学出版社,1954.

34. 刘鑫:《生物研究发展简史》,安徽人民出版社,2019.

35. 罗丽娟:《植物分类学》,中国农业大学出版社,2007.

36. 吴波:《植物的进化》,北方妇女儿童出版社,2012.

37. 张永福:《种子植物分类原理与方法》,云南人民出版社,2022.

38. 崔大方:《植物分类学》,中国农业出版社,2006.

39. 陈德懋:《中国植物分类学史》,华中师范大学出版社,1993.

40. 蒋志文,侯先光,吉学平,等:《生命的历程》,云南科学技术出版社,2000.

41. Hubert P. Yockey: *Information Theory, Evolution, and the Origin of Life*, Cambridge University Press,2005.

42. Horst Rauchfuss: *Chemical Evolution and the Origin of Life*, Springer,2008.

43. Radu Popa: *Between Necessity and Probability: Searching for the Definition and Origin of Life*, Springer,2004.

44. Rui Diogo, Bernard A. Wood: *Comparative Anatomy and Phylogeny of Primate Muscles and Human Evolution*, CRC Press,2012.

第三章

自然灾害与防治

第一节　龙卷风及其防治

一、龙卷风的形成原因与特征

1. 龙卷风的成因

（1）热对流的作用

热对流是龙卷风形成的基础动力,其过程与地表加热、空气的上升运动密切相关。地球表面的加热不均会导致空气的温度和密度产生差异,从而引发空气的垂直运动,这就是热对流现象。地表被太阳加热后,地表空气温度上升,温暖的空气变得轻而密度降低,开始向上运动。随着热空气的上升,其温度逐渐下降,并在一定高度达到露点温度,水汽开始凝结,释放潜热,这一过程进一步增强了空气的上升动力,形成强烈的对流运动。在这一过程中,积雨云逐渐发展,成为龙卷风的"温床"。

热对流的强弱不仅决定了积雨云的形成与发展,还影响了其内部对流强度。在热对流极为强烈的情况下,积雨云会形成强雷暴,进一步发展为超级单体雷暴（supercell）,这是龙卷风形成的主要条件之一。超级单体雷暴内部的强烈上升气流和旋转运动为龙卷风的生成提供了必要的能量和动力条件。

此外,热对流的强度还受到地形、季节、气候等多种因素的影响。例如,春季和夏季的日照强度较大,地表温度升高,热对流活动更加频繁和剧烈,这也是龙卷风多发生在这些季节的重要原因之一。

(2) 风切变的影响

风切变是龙卷风形成过程中不可忽视的关键因素。风切变指的是风速和风向随高度变化的现象,这种变化会导致大气层之间的风速差异,从而引发空气的旋转运动。在对流层中,风切变常常表现为较低层的风速较小,风向相对固定,而随着高度的增加,风速加快,风向发生显著变化。

风切变对龙卷风形成的影响主要体现在两方面。首先,风切变通过引发空气层之间的旋转,促使雷暴云内部形成旋转气流,即中尺度旋转(mesocyclone)。中尺度旋转是龙卷风生成的直接前提,其强度和稳定性在很大程度上决定了龙卷风的强度和规模。其次,风切变的存在能够增加龙卷风发生的概率。当雷暴云内部的上升气流与水平风切变相互作用时,旋转气流会进一步增强,并逐渐向下延伸至地面,最终形成龙卷风。风切变越强,旋转气流越容易形成,龙卷风的发生概率也越大。

通常,风切变的强度与大气中的温度梯度密切相关。温度梯度越大,风切变越显著。这种情况在温带地区的春季和夏季尤为常见,因此,这些地区往往成为龙卷风多发的区域。特别是在冷锋和暖锋交汇处,风切变极为显著,更容易导致强烈对流和龙卷风的生成。

(3) 天气系统的作用

天气系统在龙卷风的形成过程中起着外部驱动作用,不同的天气系统通过改变大气的温度、湿度和气压等条件,为龙卷风的形成创造了有利的环境。

冷锋是龙卷风形成的常见天气系统之一。当冷空气推进并抬升暖空气时,锋面附近会产生强烈的上升气流,形成强对流活动。在冷锋的推动下,积雨云内部的对流加剧,雷暴云发展成为超级单体雷暴,从而为龙卷风的形成创造了条件。冷锋的锋面斜率较大,冷空气向暖空气下方滑动,暖空气被迫迅速抬升,形成剧烈的对流运动,这种情况常常导致强龙卷风的形成。

低压系统也是龙卷风形成的主要天气背景之一。在低压系统下,大气处于不稳定状态,容易形成强烈的对流活动。当低压系统与风切变和热对流相结合时,雷暴云内的旋转气流增强,形成中尺度旋转,并最终发展为龙卷风。低压系统中的空气流动复杂,旋转气流可能在多个方向上相互作用,从而增强了龙卷风的破坏力。

锋面气旋和暖锋也可能导致龙卷风的形成。锋面气旋是大气中冷暖气团交汇的区域,其中心通常是低压系统。在锋面气旋内,冷空气和暖空气不断交汇,形成复杂的气流结构,容易引发强烈的对流活动。暖锋则是暖空气沿着冷空气的锋面向上滑动的区域,虽然暖锋本身对流不如冷锋剧烈,但在特定条件下,仍可能引发龙卷风的生成。

除了大尺度的天气系统外,地形和局地气象条件也会对龙卷风的生成和路径产生重要影响。地形起伏大的地区,如山区或丘陵地带,可能会影响气流的流动方向和强度,进而影响龙卷风的路径和强度。例如,龙卷风在平坦的地形上移动较为平稳,而在地形复杂的区域可能会出现路径的突然变化或增强。此外,局地气象条件,如地表的湿度和温度,也会对龙卷风的形成产生影响。例如,湿度较大的地区,空气中的水汽含量高,更容易形成强对流云团,增加龙卷风的发生概率。

综上所述,龙卷风的形成是一个多因素协同作用的复杂过程。首先,热对流提供了龙卷风生成的基础能量,强烈的上升气流导致对流云团的形成和发展。其次,风切变通过引发空气层的旋转,为龙卷风的生成提供了必要的旋转动力。最后,天气系统则通过改变大气条件,为龙卷风的生成提供了适宜的环境。这些因素的共同作用,使得龙卷风成为大气中最为剧烈和破坏力最大的自然现象之一。

在龙卷风形成过程中,这些因素并不是独立发生的,而是相互作用、相互促进的。例如,天气系统可能通过改变气压和温度,增强对流活动和风切变,从而增加龙卷风的形成概率。同时,热对流和风切变之间的相互作用,可能导致更加剧烈的对流和更强的旋转气流,从而形成更为强大的龙卷风。

理解这些因素的相互作用不仅有助于预测和预警龙卷风的发生,还为制定防灾减灾策略提供了科学依据。通过监测天气系统、风切变和热对流的动态变化,可以更准确地预测龙卷风的发生时间和地点,从而最大程度地减少龙卷风对人类社会的威胁。

2. 龙卷风的特征

(1) 旋转速度

龙卷风的旋转速度是其破坏力的主要决定因素。一般而言,龙卷风的旋转速度范围广泛,通常介于每小时 100 到 300 千米之间。然而,极端情况下的龙卷风旋转速度可以超过每小时 400 千米,甚至更高。旋转速度越大,龙卷风的能量越高,破坏力越强。高旋转速度的龙卷风能够摧毁大部分建筑物和植被,尤其是在它们直接经过的路径上。龙卷风的旋转速度不仅影响其破坏力,还影响其风速分布。风速越高,龙卷风内部的气压越低,形成一个强大的低压区。这个低压区能够将周围空气和地面物体吸入风眼,并迅速抛向高空。高速旋转的龙卷风通常伴随着强烈的离心力,使得所接触的物体被分解、撕裂并抛向远处。这种现象导致了龙卷风的高破坏性,尤其是在它们穿过密集建筑或人口稠密的地区时。

值得注意的是,旋转速度的变化通常伴随着龙卷风强度的变化。当龙卷风的旋转速度迅速增加时,通常预示着其强度在增强,这可能意味着破坏力更强、更具破坏性的龙卷风即将发生。相反,当旋转速度减缓时,龙卷风的强度可能开始减弱,直至最终消散。然而,即使是旋转速度较低的龙卷风,也可能造成严重的局部破坏,特别是当它们在特定环境下(如人口密集区)活动时。

旋转速度还影响着龙卷风的生命周期。通常,高速旋转的龙卷风持续时间较短,但它们的破坏力集中且猛烈。相反,旋转速度较低的龙卷风可能会持续更长时间,但它们的破坏范围通常较小。因此,预测龙卷风的旋转速度对于评估其潜在威胁具有重要意义。

(2) 形态

龙卷风的形态多样且变化无常,从狭窄的漏斗状到宽广的柱状,各种形态均可能出现。龙卷风的形态不仅与其强度有关,还与生成环境、生命周期和天气条件密切相关。通常情况下,龙卷风在形成初期表现为一个狭窄的漏斗状结构,这种结构较为常见,并且由于其明显的外形易于观测。

随着龙卷风的强度增加,漏斗状结构可能逐渐扩展,形成一个宽大的柱状结构。这种柱状结构通常预示着龙卷风的强度在增强,且其破坏范围可能扩大。宽广的柱状龙卷风通常覆盖更大的地面面积,具有更强的破坏力。因此,在龙卷风监测中,观测其形态变化对于判断其强度变化和潜在威胁非常重要。

龙卷风的形态也可能随地形和环境的变化而改变。例如,在开阔的平原地区,龙卷风的形态通常较为稳定,且路径直线性较强。相反,在山区或其他地形复杂的地区,龙卷风的形态可能更加多变且不规则。这种不规则性增加了龙卷风的不可预测性,也使其防范更加困难。

龙吸水(waterspout)是一种发生在水体上的龙卷风,通常出现在湖泊、河流或海洋上。龙吸水的形成过程主要依赖于热对流和风切变,但由于发生在水面上,具有一些独特特征。龙吸水的形成通常在强对流天气条件下,如雷暴云下的强热对流和气流不稳定条件中。当强热对流导致水面上方的空气迅速上升时,可能与周围的旋转气流形成强烈的旋转气柱。这种旋转气柱吸取了水面上的水蒸气,使其在气柱内部凝结,从而形成可见的龙吸水。龙吸水的旋转速度和破坏力通常较弱于陆地上的龙卷风,但强烈的龙吸水依然可以对船只、海洋平台等造成一定破坏。龙吸水的特征包括旋转速度、直径和持续时间,它们通常较小且短暂。尽管龙吸水的破坏力一般不如陆地龙卷风,但在海洋和湖泊上仍需保持警惕,以防范其潜在的威胁。

此外,龙卷风的形态在其生命周期的不同阶段也会发生显著变化。初期形成的龙卷风通常较小,形态也较为狭窄,但随着其发展和加强,形态可能逐渐扩展并变得更加稳定。在消散阶段,龙卷风的形态可能逐渐缩小并变得不规则,直至最终消失。这种形态的演变不仅对龙卷风的观测和预测有重要意义,也对理解其内部动力机制提供了线索。

(3) 移动路径

龙卷风的移动路径通常具有不确定性和复杂性,这使得其预警和防范变得更加困难。龙卷风的移动速度相对较慢,通常在每小时 30 到 50 千米之间。然而,在某些情况下,龙卷风的移动速度可能会加快,甚至超过每小时 100 千米。这种高速移动的龙卷风更具威胁,因为它们能够迅速覆盖大面积区域,增加其破坏范围。

龙卷风的移动路径通常受到多个因素的共同影响,包括天气系统、地形条件和大气流动。大多数情况下,龙卷风沿着冷锋或低压槽移动,这种路径通常较为直线且可预测。然而,在特定条件下,如地形复杂或气流不稳定的区域,龙卷风的移动路径可能会变得曲折且不可预测,甚至出现"跳跃"移动的现象。这种跳跃式移动使得龙卷风的破坏范围更加广泛,也使得防灾工作更加困难。

地形对龙卷风的移动路径也有显著影响。例如,当龙卷风经过山地、丘陵等地形复杂的区域时,路径往往会发生偏移或改变。这种情况下,龙卷风可能突然改变方向,甚至在地形的影响下消散或重组。此外,龙卷风经过水体或城市等特殊环境时,路径也可能发生异常变化。这些因素使得龙卷风的移动路径难以准确预测,增加了其防范的挑战性。

现代气象学依赖于复杂的计算模型和雷达观测来预测龙卷风的移动路径。虽然这些技术手段在一定程度上提高了龙卷风预警的准确性,但由于其路径的复杂性和不确定性,仍然需要保持高度警惕。通常情况下,龙卷风的路径预测包括对天气系统、风速风向、地形条件等多方面的综合分析,旨在为防灾工作提供准确的参考。

综上所述,龙卷风的特征是其破坏力、影响范围和预测难度的关键因素。旋转速度决定了龙卷风的强度和持续时间,形态反映了其生成环境和发展阶段,而移动路径则影响了其破坏范围和预警难度。通过对这些特征的深入研究和分析,可以更好地理解龙卷风的本质,为制定有效的防灾措施提供科学依据。在面对龙卷风这种极端天气现象时,充分了解其特征是提高灾害防范能力的基础。

二、龙卷风的危害与发生条件

1. 龙卷风的破坏力

(1) 风速对破坏力的影响

龙卷风的风速是衡量其强度和破坏力的主要标准。风速的分类通常采用改良的藤田级数(Enhanced Fujita Scale, EF),它将龙卷风的风速分为六个等级,分别对应不同的破坏强度。

EF0 级:风速在 65 至 85 mph(约 105 至 137 km/h)之间。此类龙卷风的破坏力较小,通常只能造成树木断枝和轻微的建筑物损坏。

EF1 级:风速在 86 至 110 mph(约 138 至 177 km/h)之间。此类龙卷风可以将轻质建筑物的屋顶掀起,并对移动房屋造成较大损坏。

EF2 级:风速在 111 至 135 mph(约 178 至 217 km/h)之间。此类龙卷风会对房屋造成严重损坏,树木可能被连根拔起。

EF3 级:风速在 136 至 165 mph(约 218 至 266 km/h)之间。此类龙卷风可以摧毁房屋的外墙并掀翻汽车。

EF4 级：风速在 166 至 200 mph（约 267 至 322 km/h）之间。此类龙卷风具有极强的破坏力,钢筋混凝土结构的建筑物可能被严重破坏。

EF5 级：风速超过 200 mph（约 322 km/h）。这是龙卷风的最强等级,能将钢筋水泥建筑摧毁,甚至将大型物体如汽车或小型飞机抛至空中。

龙卷风的风速越高,其破坏力越大,不仅对建筑物造成严重损坏,还会对地表产生强大的摩擦力,卷起地面物体,形成毁灭性的冲击波。高风速龙卷风的破坏程度往往令人震惊。EF4 级及以上的龙卷风,其风速足以将普通建筑夷为平地。在这些龙卷风的中心,建筑物的钢筋混凝土结构可能被完全摧毁,地面可能出现明显的破损或撕裂痕迹。

此外,高风速龙卷风会产生强大的吸力和向心力,将建筑物中的门窗、家具甚至钢梁等结构性部件吸出并抛至远处。这种强烈的吸力使得建筑物内部的空气压强骤降,加速了建筑物的崩塌。

龙卷风的旋转风速还会引发强烈的气压变化。龙卷风中心气压低于周围空气,因此会产生一种"爆破"效应,使建筑物内外的气压差瞬间增大,导致建筑物结构迅速崩溃。

（2）破坏范围的评估

龙卷风的破坏范围主要由其强度决定。一般来说,龙卷风的强度越大,破坏半径越广,波及的范围也就越大。EF0 级龙卷风的破坏范围通常局限于数十米的范围内,而 EF5 级龙卷风的破坏范围则可以覆盖数百米甚至数千米。破坏半径不仅受风速的影响,还与地形、天气系统等因素密切相关。例如,平原地区的龙卷风往往能够保持更长时间的强度,破坏范围也更加广泛。相反,在山地或城市地区,龙卷风的路径可能受到地形和建筑物的干扰,导致破坏范围有所减小,但破坏力可能更加集中。

不同强度龙卷风的典型破坏范围各不相同。EF0、EF1 级龙卷风破坏范围较小,通常在 100 米以内。这类龙卷风的主要破坏集中在树木、轻质建筑物的屋顶及其他脆弱结构。EF2、EF3 级龙卷风破坏范围更广,可达数百米。这些龙卷风会对房屋、车辆、农田造成严重损坏,并可能导致局部地区的基础设施瘫痪。EF4、EF5 级龙卷风破坏范围最大,可达数千米。这些龙卷风的破坏力极其强大,所到之处几乎无任何建筑物或植被能够幸存,常常导致大面积的区域变为废墟。

破坏范围的评估不仅有助于理解龙卷风的潜在危害,还为防灾减灾提供了重要依据。准确评估破坏范围可以帮助制定更有效的应对策略,如疏散计划、建筑物加固及灾后重建等。

（3）社会影响与后果

龙卷风往往在短时间内造成大量人员伤亡和巨大的财产损失。由于其突发性和不可预测性，许多居民难以及时逃生，从而导致严重的人员伤亡。高风速的龙卷风尤其危险，因为它们可以将人、动物和车辆卷入漩涡中，抛向数百米甚至更远的地方，造成致命伤害。

在财产损失方面，龙卷风对住宅区、商业区和工业区的破坏尤为严重。建筑物的损毁、车辆的损坏以及公共设施的瘫痪都会导致巨额经济损失。尤其在高密度的城市地区，一次强龙卷风可能造成数十亿甚至更多的财产损失。此外，龙卷风还可能破坏农田和森林，导致农作物减产、牲畜死亡以及生态环境的长期破坏。

龙卷风对基础设施的破坏往往具有长期性，可能导致供电、供水、交通等基础服务的中断。这不仅影响居民的日常生活，还可能对当地经济造成深远影响。龙卷风摧毁的基础设施需要大量资金和时间进行修复，而在此期间，经济活动可能会陷入停滞。

此外，龙卷风对经济的影响还包括直接的生产力损失、保险赔付的增加以及灾后重建成本的上升。对于严重受灾的地区，重建工作可能需要数年时间，这对当地经济的发展带来了长期的挑战。

龙卷风的社会影响还体现在心理层面。经历过龙卷风的社区往往面临创伤后应激障碍（Post-Traumatic Stress Disorder，PTSD）等心理问题的高发率，居民的安全感下降，对未来灾害的恐惧可能影响他们的生活方式和决策。

总结而言，龙卷风的破坏力不仅表现在其强大的旋转风速和广泛的破坏范围上，还通过对社会的深远影响，加剧了其作为自然灾害的威胁性。通过对风速、破坏范围和社会影响的综合分析，可以更全面地理解龙卷风的危害性，为制定有效的防灾减灾措施提供科学依据。

2. 龙卷风的发生条件

（1）气象条件的关键因素

热对流和风切变是龙卷风形成过程中不可或缺的两个关键因素。热对流是由地表加热引起的空气上升现象，当太阳辐射加热地面时，地表的空气温度升高，变得轻而上升。与此同时，较冷的空气下沉，这种上升和下降的循环运动便形成了热对流。龙卷风的形成往往始于强烈的热对流，这种对流在大气中形成强大的垂直上升气流。当这种上升气流与风切变相互作用时，就会产生旋转运动。风切变是指风速和风向随高度变化的现象，它通过不同高度的风速和风向差异，促使空气层之间的切变力形成，从而引发旋转。这种旋转在强烈的对流云中进一步增强，最终可能导致龙卷风的形成。在热对流的基础上，风切变是促使旋转形成并加强的关键。如果风切变足够强烈，它会使上升的空气柱形成涡旋，并逐渐收缩，旋转速度随之加快。这种过程中，如果其他条件如湿度、气压等适宜，龙卷风便有可能从旋转气流中生成。

雷暴云（积雨云）是龙卷风的直接"温床"。在强烈的热对流作用下，地表的暖湿空气上升，冷却凝结后形成雷暴云。这些云层往往伴随着强烈的雷电、降水和大风，是龙卷风形成的理想条件。雷暴云内部的空气运动极为剧烈,垂直上升的空气流与水平流动的风切变相互作用,形成强大的旋转气流。如果这种旋转气流足够强大并且延伸至地面,就可能形成龙卷风。通常情况下,超级单体雷暴是最容易引发龙卷风的天气现象。这类雷暴不仅具备强烈的对流,还具有显著的风切变,容易形成中尺度旋转,最终导致龙卷风的出现。雷暴云的形成与龙卷风密切相关,其内部的对流和旋转运动为龙卷风的生成提供了必要条件。因此,监测雷暴云的生成和发展是预警龙卷风的重要手段。

(2)季节性分布与地理特征

龙卷风的发生具有显著的季节性变化,这主要与大气的热力和动力条件有关。在北美,龙卷风多发于春季和夏季,尤其是在5月至6月。这一时期,大陆内部的冷空气与南方的暖湿空气频繁交汇,容易形成强烈的对流天气,从而增加龙卷风的发生概率。春季气温回升,地表加热增强,空气对流加剧。此外,春季的风切变也较为显著,这使得旋转气流更容易形成。到了夏季,尽管气温更高,但大气的对流层较为稳定,因此龙卷风的发生频率相比春季有所减少。然而,在某些特殊天气系统的影响下,如飓风残余等,夏季也可能会发生强烈的龙卷风。秋冬季节,由于大气层较为稳定,龙卷风的发生频率显著降低。但在某些温带气旋活跃的年份,秋冬季节也可能出现少量龙卷风。因此,龙卷风的季节性变化不仅与气温有关,还与大气的整体动力学特征密切相关。

龙卷风的地理分布具有一定的规律性,主要集中在气象条件适宜的地区。在全球范围内,龙卷风的高发区主要集中在北美的龙卷风走廊,这一区域从得克萨斯州一直延伸到南达科他州,是全球龙卷风发生最为频繁的地区。这一地区的地形相对平坦,冷暖空气交汇频繁,极易形成强烈的对流天气。

在美国,龙卷风的发生频率最高的州包括堪萨斯州、俄克拉何马州和得克萨斯州。这些地区的地形和气候条件非常适合龙卷风的生成。此外,美国东南部的一些州如密西西比州、亚拉巴马州等也时常受到龙卷风的袭击,尤其是在春季和初夏。

除了北美,其他一些地区如南美洲的阿根廷、乌拉圭,欧洲的德国、法国,以及亚洲的孟加拉国、日本等地也有龙卷风的发生,但频率和强度相比北美要低得多。这些地区的龙卷风多发生在夏季,由于地形复杂和人口密集,其破坏力不容忽视。

在中国,龙卷风相对较为罕见,但仍有一定的发生概率,主要集中在东南沿海地区和长江中下游地区。这些区域在夏季受到季风气候影响,容易形成强对流天气,因此有可能发生龙卷风。

龙卷风的发生条件受多种因素影响,其中气象条件如热对流、风切变和雷暴云的形成是最为关键的内因,而季节性变化和地理特征则决定了龙卷风的时间和空间分布。理解这些因素不仅有助于预测龙卷风的发生,还为制定有效的防灾对策提供了科学依据。

三、典型案例分析：美国龙卷风带

1. 美国龙卷风带的特点与历史记录

（1）地理范围与气象特征

美国龙卷风带，又称"龙卷风走廊"，是全球龙卷风最为活跃的区域之一，位于美国中部的平原地区，主要涵盖得克萨斯州北部、俄克拉何马州、堪萨斯州、内布拉斯加州以及南达科他州等地。这一区域地形相对平坦且宽广，主要由大草原和农田组成，缺乏自然屏障，使得大气中风力系统的运动更加自由，这也是该区域龙卷风频繁发生的重要原因。龙卷风带的地理分布呈现明显的南北走向，宽度约为数百千米。在春季和初夏，这一地区特别容易形成龙卷风，因为此时冷空气从加拿大南下，与来自墨西哥湾的温暖湿润空气在大平原地区交汇，产生强烈的对流活动。

美国龙卷风带的气候特征具有明显的季节性和气象多样性。该地区的气候主要受到温带大陆性气候的影响，冬季寒冷，夏季炎热干燥。然而，最显著的气象特点是频繁的雷暴天气，尤其是在春季和初夏。冷空气和暖空气的交汇在此区域形成了强烈的对流运动，导致频繁的雷暴云生成。这些雷暴云的产生为龙卷风的形成提供了有利条件。龙卷风带的地形结构也助长了这一气象现象的发生：大平原缺乏自然屏障，使得气流可以快速移动并增强，从而更容易引发强烈的龙卷风。总的来说，美国龙卷风带由于其独特的地理位置、地形和气候条件，成为全球龙卷风多发的中心区域。它的气象特征，如强对流活动和频繁的雷暴天气，构成了龙卷风高发的基础。

（2）历史记录与频率分析

美国龙卷风带有着丰富的龙卷风历史记录，这些记录为我们了解龙卷风的频率、强度和破坏力提供了宝贵的参考。例如，1925 年 3 月 18 日发生的三州龙卷风（TriState Tornado）是美国历史上破坏力最为巨大的龙卷风之一。这场龙卷风横跨密苏里州、伊利诺伊州和印第安纳州，持续时间长达数小时。除此之外，2011 年 5 月 22 日，密苏里州乔普林市遭遇了一场极其严重的龙卷风，摧毁了市内数千栋建筑，成为美国现代史上最具破坏性的龙卷风之一。这些重大事件表明，美国龙卷风带不仅是龙卷风频发的地区，也是许多历史上最具毁灭性的龙卷风事件的发生地。龙卷风的历史记录显示，该地区的龙卷风频率高且强度大，对当地居民和基础设施构成了长期的威胁。

龙卷风的发生频率在美国龙卷风带内表现出显著的季节性和年际变化。根据长期观测数据，龙卷风在春季和初夏的发生频率最高，尤其是在 4 月至 6 月之间。此时，温暖湿润的南方气流与来自北方的冷空气交汇，极易形成强烈的对流天气，进而引发龙卷风。

近年来,科学家们注意到美国龙卷风带的龙卷风活动呈现出一定的变化趋势。部分研究表明,气候变化可能对龙卷风的频率和分布产生影响。例如,温暖的春季气温可能会导致对流层更为活跃,从而增加龙卷风的发生概率。同时,有些地区的龙卷风活动有所增强,而其他地区则有所减弱,这种趋势的背后原因尚需进一步研究。尽管龙卷风带的龙卷风发生频率存在波动,但整体上这一地区仍是全球龙卷风活动的核心区域,且未来的气候变化可能会对其龙卷风活动产生更大的影响。因此,对这一地区的龙卷风频率和变化趋势的持续监测和研究,具有重要的科学和社会意义。

2. 典型龙卷风事件及其防治经验

（1）经典案例分析

1925年三州龙卷风是美国龙卷风历史上的一个里程碑事件,其影响至今仍然深远。该龙卷风发生在1925年3月18日,起源于密苏里州的雷诺多村,随后向东南方向移动,穿越伊利诺伊州和印第安纳州,横跨三州,行程长达352千米,是记录上最为持久的龙卷风之一。这场龙卷风不仅具有极高的风速,还以其破坏范围之广和持续时间之长而著称。龙卷风经过的地区,几乎所有的建筑都被摧毁,铁路和公路基础设施也遭到严重破坏。死亡人数达到695人,成为美国历史上死亡人数最多的龙卷风事件。三州龙卷风之后,美国开始更加重视对龙卷风的研究和防灾工作。

2011年5月22日,密苏里州乔普林市经历了一场极具破坏力的龙卷风。这场EF5级龙卷风是美国现代史上最具毁灭性的龙卷风之一,其风速超过每小时322千米,造成了158人死亡,数千人受伤。龙卷风的强度和规模导致乔普林市的大部分地区被夷为平地,数千栋房屋和公共建筑被毁,损失总额达到数十亿美元。乔普林龙卷风的形成与典型的美国龙卷风形成机制一致,是冷暖空气剧烈交汇的结果。然而,这场龙卷风的破坏力异常强大,部分原因在于其路径穿越了市区,导致人员伤亡和财产损失格外惨重。该事件也暴露出城市规划和建筑在应对极端天气事件方面的不足,促使地方政府和相关机构在灾后积极开展重建工作,并加强了防灾措施。

（2）防灾与减灾经验总结

美国龙卷风带的高频龙卷风活动促使该地区发展了较为完善的预警系统。美国国家气象局（National Weather Service，NWS）在龙卷风带地区布置了密集的气象雷达和探测设备,通过分析大气条件和雷暴云的形成,及时发布龙卷风警报。在重大龙卷风事件中,迅速的应急响应和准确的预警系统能够显著减少人员伤亡。以乔普林龙卷风为例,尽管损失惨重,但由于事先发出了预警,很多居民得以及时躲避,避免了更大的伤亡。

除了应急响应和预警系统,社区防灾教育和基础设施建设也在龙卷风防灾中扮演着重要角色。防灾教育让居民了解如何应对龙卷风,如在家中设置避难所、定期演练应急措施等。在龙卷风频发的地区,建筑物的设计也有所改进,如使用更坚固的材料和结构来增强抗风能力。通过不断总结典型龙卷风事件的经验教训,美国在龙卷风防灾方面取得了显著进展。然而,随着气候变化的加剧,龙卷风的频率和强度可能会有所增加,进一步的防灾和减灾工作依然任重道远。

第二节　地震灾害及其防治

一、地震的震级、烈度与分类

1. 震级与烈度的定义与区别

（1）震级的定义与测量

震级是衡量地震规模的一个定量指标,用以描述地震释放的能量。最早提出的震级标准是里氏震级（Richter Scale）,由美国地震学家查尔斯·里克特（Charles F. Richter）于 1935 年制定。里氏震级是一种对数刻度,每增加一级,地震释放的能量大约增加 32 倍。这种刻度系统使得科学家们能够有效地比较不同地震的能量差异。然而,随着地震研究的深入,科学家们发现里氏震级在描述极大地震时存在一定的局限性,尤其是对震中深度较大的地震,里氏震级的描述效果不够精确。因此,矩震级（Moment Magnitude Scale, Mw）被引入作为一种更为精确的震级测量标准。矩震级基于地震断层滑动的面积、滑动量及地壳刚性等参数计算地震释放的总能量,它在描述全球范围内不同类型的地震时更加可靠,逐渐取代了里氏震级成为现代地震学中最常用的震级衡量标准。

地震震级的测量主要依靠地震仪器,如地震仪（seismometer）和地震计（seismograph）。这些仪器能够感知并记录地震波的传播,并根据记录的地震波形计算震级。通常,地震波的振幅和频率是计算震级的关键因素。通过对多个地震台站的数据进行综合分析,科学家们可以得出地震的震级值。此外,现代地震观测网络的建立使得震级测量变得更加精确和高效,为地震研究和防灾减灾提供了重要的数据支持。

（2）烈度的定义与标准

地震烈度是衡量地震在某一特定地点所引起的地面震动强度及其对人类、建筑物和自然环境影响程度的指标。与震级不同,烈度反映的是地震效应的空间分布特征,而非地震本身的规模。通常,烈度通过观测和记录地震造成的实际破坏和人类感受到的震动强度来进行评估。地震烈度表(如欧洲宏观地震烈度表、修订后的梅卡利烈度表等)将烈度划分为若干等级,从"无感"到"极强震动",以此描述不同烈度等级下的典型效应。例如,在修订后的梅卡利烈度表中,I 级表示几乎无感,而 XII 级则表示地震会引起严重的建筑物倒塌和地表破裂。

烈度的评估通常基于对地震影响的现场调查,以及对建筑物破坏、人类感受和自然环境变化的详细记录。在一些地区,地震发生后,科学家们会通过问卷调查、现场观测和摄影等手段,收集震后的信息,以确定不同区域的烈度分布情况。此外,随着技术的发展,遥感技术和地理信息系统(Geographic Information System, GIS)也被广泛应用于烈度评估中,提高了烈度测量的精度和效率。

(3) 震级与烈度的区别与联系

震级和烈度虽然都用于描述地震,但二者在地震研究中的作用各不相同。震级是一个定量的全球性指标,主要用于衡量地震的规模和比较不同地震的能量释放情况。而烈度则是一个定性和区域性的指标,主要用于描述地震在特定地点的影响和破坏程度。通常,震级用于评估地震的整体能量和潜在的破坏范围,而烈度则帮助科学家和救援人员了解地震在各个区域的实际影响,为灾后救援和恢复提供重要依据。

震级和烈度在地震破坏方面的反映存在显著差异。震级是一个单一数值,反映的是地震源处释放的总能量,因此它与地震的破坏力并不总是呈直接关系。例如,一场震级较大的深源地震可能因其震中深度较大而导致地表破坏相对较小;而一场震级较小的浅源地震则可能在震中区域造成严重的破坏。相反,烈度直接反映了地震对特定区域的破坏程度,因此与地震灾害的评估和应急响应密切相关。

2. 地震的类型

(1) 构造地震

构造地震是由地壳内部的构造运动引发的地震,是全球范围内最常见、最为破坏的一类地震。构造地震的主要成因是板块构造运动导致的断层活动。当地壳中的岩石在巨大的构造应力作用下发生断裂或错动时,积累的能量迅速释放,以地震波的形式传播,形成构造地震。根据板块边界类型,构造地震可发生在俯冲带、转换断层和扩展中心等地带。俯冲带地震通常震源深、震级大,易引发大规模海啸;转换断层地震多为浅源地震,破坏性强;扩展中心地震则一般震级较小,但可能伴随火山活动。

构造地震的分布与全球主要的板块边界密切相关。环太平洋地震带是构造地震最为活跃的区域之一,沿这一地带分布着多个地震频发的国家,如日本、智利、美国西海岸等。此外,喜马拉雅地中海地震带、东非裂谷地震带等也是构造地震的高发区域。

构造地震的特点通常表现为震级大、破坏性强、伴随余震频繁等。因此,这些地区往往也是全球防震减灾的重点区域。

（2）火山地震

火山地震是由岩浆活动引起的一种地震类型。火山活动过程中,岩浆上升至地表或在地下岩浆库中运动时,会产生强烈的地应力变化,导致岩石破裂,从而引发地震。这类地震通常发生在火山喷发前后或喷发过程中,是火山活动的前兆之一。火山地震的震源较浅,通常集中在火山口或其周围几千米内,震级较小但可能预示着即将发生的火山喷发,因此对火山地震的监测和研究对火山灾害预警具有重要意义。

火山地震主要分布在火山活动频繁的区域,如环太平洋火山带、地中海喜马拉雅火山带等。在这些地区,火山地震的特征表现为震级较小、震源浅、频率较高,往往伴随着火山喷发或熔岩流动等地质现象。此外,火山地震通常伴随热流异常、地壳隆起等现象,这些特征可以作为监测火山活动的重要指标。

（3）诱发地震

诱发地震是指由人类活动引发的地震现象。随着人类工程活动的不断扩展,尤其是大型水库蓄水、矿山开采、地热能开发和石油、天然气开采等活动,地壳中的应力环境发生变化,可能引发地震。这类地震通常震级较小,但在某些情况下,由于人为因素的叠加效应,也可能引发较大震级的地震。例如,1967 年印度科依纳大坝蓄水后发生的 6.3 级地震,以及美国俄克拉何马州因油气开采引发的一系列诱发地震,都引起了科学界和公众的广泛关注。

近年来,随着地热能开发和水力压裂技术的广泛应用,诱发地震的发生频率明显增加,引发了全球范围内的科学研究。研究表明,水力压裂过程中注入地下的大量液体会改变地下应力状态,可能引发断层滑动,从而产生地震。与此同时,诱发地震的社会影响也引发了广泛的关注和讨论,尤其是在油气资源丰富的地区。因此,加强对诱发地震的研究,制定有效的防范措施,已成为当今地震学领域的重要课题。

二、地震的成因与分布

1. 板块构造理论与地震的关系

（1）板块边界与地震活动

板块边界是地震活动最为集中的区域。根据板块相互作用的方式,板块边界可分为三种类型:俯冲带、转换断层和扩展中心。俯冲带是指一个板块沉入另一个板块之下并进入地幔的区域。俯冲过程中,沉入板块与上覆板块之间的摩擦会积累巨大的应力,当这种应力释放时,会引发强烈的地震。这种类型的地震通常发生在深海沟附近,且震级大、震源深,容易引发海啸。例如,智利、阿拉斯加和日本附近的地震带就是典型的俯冲带地震区。转换断层是两个板块沿着水平滑动方向彼此错动的边界,这种错动会引发断层附近的地震活动。由于转换断层上的应力积累和释放,地震的震源通常较浅,破坏性强。著名的圣安德烈亚斯断层就是典型的转换断层,它穿过美国加利福尼亚州,历史上发生了多次大地震。扩展中心是指两个板块彼此远离的边界区域,在这里,地幔物质上涌并形成新的地壳,这一过程中地壳的张力会导致地震的发生。大西洋中脊是一个典型的扩展中心,这里的地震震级相对较小,但频率较高,且通常伴随着火山活动。

不同类型的板块边界引发的地震活动各具特征。俯冲带的地震通常震级大、震源深,且可能伴随海啸;转换断层的地震则多为浅源地震,破坏性强;扩展中心的地震震级较小,且常与火山活动相关。这些特征帮助科学家理解地震的成因,并据此进行地震预测和风险评估。

（2）断层活动与地震

断层是地壳岩石受应力作用发生脆性破裂后形成的破裂面或破裂带,是地震发生的重要构造基础。根据断层两侧岩块的相对运动方向,断层可分为三类:正断层、逆断层和走滑断层。正断层发生在地壳张力作用下,断层上盘相对于下盘向下滑动。正断层通常出现在扩张性环境中,如大西洋中脊等地,这里地壳不断被拉伸和破裂。逆断层在地壳压应力作用下形成,上盘相对于下盘向上滑动。逆断层常见于收缩性环境中,如俯冲带或大陆碰撞带,在这些地区,地壳受到巨大的压缩应力而破裂,常伴随强震。走滑断层是断层两侧的岩块水平错动形成的断层类型。著名的圣安德烈亚斯断层就是一个走滑断层,这类断层上的地震常为浅源地震,震级大、破坏性强。

断层活动是地震的直接成因。当地壳中的应力超过岩石的强度时,断层发生滑动,释放出积累的能量,产生地震。断层的类型、活动频率以及断层面上的摩擦力都会影响地震的发生方式和破坏程度。例如,正断层地震通常破坏范围较广,但震级较低;逆断层地震震级大、破坏性强,易引发次生灾害;而走滑断层地震则因其震源浅、破坏性大,常导致地表显著错动。通过对断层活动的研究,科学家可以评估地震的发生风险,并制定相应的防灾措施。

2. 全球地震分布特征及主要地震带

地震的分布并非随机,而是与地球内部的构造活动密切相关。全球地震的分布主要集中在几个大的地震带,这些地震带通常位于板块边界区域,是地震活动最为频繁的地区。

（1）全球地震分布概况

全球地震的分布呈现出明显的带状或弧状结构,主要集中在板块边界区域。环太平洋地震带、喜马拉雅地中海地震带和大西洋中脊地震带是全球地震活动最为集中的区域。在这些地震带中,地震发生的频率高,震级大,往往伴随着巨大的破坏力。

地震频发区域通常具有以下几个特点:首先,这些区域地壳应力集中,岩石圈板块间的相互作用强烈,容易引发断层活动。其次,地震频发区域往往与火山活动相关,尤其是在扩展中心和俯冲带,地震和火山活动常常伴随发生。最后,这些区域的地震活动具有一定的规律性和可预测性,科学家可以通过长期观测和研究,初步判断这些区域的地震发生风险。

(2)主要地震带的分布

环太平洋地震带,又称"火山地震带",是世界上地震最为活跃的区域之一。该地震带呈弧状分布,环绕太平洋板块,涵盖了从美洲西海岸、阿拉斯加、日本、菲律宾到新西兰的广大区域。环太平洋地震带的形成与太平洋板块及其周边板块的相互作用密切相关。在这些区域,俯冲带、转换断层和扩展中心的相互作用引发了频繁的地震活动。环太平洋地震带的地震活动特点是震级大、震源深,常伴随火山喷发和海啸,是全球地震灾害的高发区。

喜马拉雅地中海地震带是全球另一主要地震带,横跨欧洲、亚洲和非洲,连接了地中海地区、中东、南亚和东南亚。该地震带的形成主要是由于印度板块向北碰撞欧亚板块,形成了世界上最高的山脉——喜马拉雅山脉。碰撞过程中产生的巨大压缩应力导致了该地震带的强烈地震活动。喜马拉雅地中海地震带的地震活动通常集中在逆断层区域,地震震级大,震源浅,破坏性强。

大西洋中脊地震带位于大西洋海底,是世界上最大的海底山脉系统之一。大西洋中脊是一个典型的扩展中心,在这里,欧亚板块和美洲板块逐渐远离,新的地壳不断形成。由于扩展中心的张力作用,大西洋中脊地震带的地震活动以浅源小震为主,震级较小,频率较高,常伴随火山喷发和海底扩张。这些地震对海洋生态系统和地质环境有重要影响,但由于其远离大陆,对人类社会的直接威胁相对较小。

三、地震灾害的减灾对策

1. 地震预警与建筑抗震设计

(1)地震预警系统的建立与应用

地震预警系统是一种基于地震波传播特性,利用地震波到达地表前的时间差,为公众提供紧急预警的系统。当地震发生时,震源处首先产生 P 波(初波),这种波动速度快,但破坏性较小;随后是 S 波(次波)和面波,这些波动速度较慢,但破坏性极强。地震预警系统利用地震仪器快速检测到 P 波,并计算其传播时间,从而在破坏性更大的 S 波和面波到达之前发出预警信号,为人们争取到几秒到几十秒的避险时间。

全球范围内,许多地震频发国家和地区都建立了先进的地震预警系统。例如,日本的"地震预警系统"(Earthquake Early Warning, EEW)是全球最早的地震预警系统之一,自 2007 年起开始向公众提供服务。该系统利用全国数千个地震台站的数据,在地震发生后几秒内发出预警,使得人们可以迅速避险。墨西哥也是地震预警系统的先驱之一,其系统自 1991 年启用以来,多次成功预警强震,显著减少了地震造成的人员伤亡。

随着科技的发展,地震预警系统的精度和覆盖范围不断提升。近年来,基于互联网和移动通信技术的地震预警应用程序在全球范围内广泛普及,为公众提供更加便捷的地震预警服务。这些预警系统和技术的应用,为全球地震灾害的减灾工作做出了重要贡献。

(2) 建筑抗震设计的原则与方法

建筑抗震设计是指通过合理的建筑设计和结构措施,使建筑物在遭遇地震时能够有效抵抗地震力,减少结构损坏和人员伤亡。抗震设计的基本原则包括以下几个方面:首先是强度与刚度。建筑物应具有足够的强度和刚度,以抵抗地震作用下的水平力和竖向力,保证结构的整体稳定性。其次,延性与韧性。建筑结构应具备足够的延性和韧性,以吸收和消散地震能量,防止结构在地震作用下发生脆性破坏。第三,对称性与均匀性。建筑物应尽量保持结构的对称性和均匀性,避免因结构不规则而引起的应力集中,从而降低地震破坏的风险。第四,抗震建筑材料与结构设计。抗震建筑材料的选择和结构设计直接影响到建筑物的抗震性能。近年来,抗震材料的发展为建筑抗震设计提供了更广泛的选择。第五,材料。常用的抗震建筑材料包括高强度钢筋混凝土、预应力混凝土、钢结构等。这些材料具有高强度、良好的延性和耐久性,能够有效抵抗地震力。第六,结构设计。抗震结构设计主要包括框架结构、剪力墙结构和抗震支撑结构等。这些结构形式能够在地震中提供良好的抗震性能,特别是剪力墙结构和框架剪力墙混合结构,能够显著提高建筑物的抗震能力。

随着科学技术的进步,现代抗震技术不断发展,为建筑抗震设计提供了新的思路和方法。例如,基础隔震技术通过在建筑物基础和上部结构之间安装隔震层,能够显著减少地震能量传递到建筑物上部结构,减少地震损坏。另一种先进的抗震技术是耗能减震技术,它通过在建筑物结构中安装耗能装置,吸收和消耗地震能量,从而保护建筑物结构。这些现代抗震技术已经在全球范围内得到广泛应用。例如,在日本、美国等地震多发国家,基础隔震技术已被广泛用于重要建筑物的抗震设计,如医院、学校和政府建筑等。这些技术的应用,不仅提升了建筑物的抗震能力,也为全球抗震技术的发展指明了方向。

2. 社会应急反应与灾后重建

（1）应急反应机制的建立

地震应急预案是政府、企业、学校和社区等机构在地震灾害发生前制定的应对措施计划。应急预案的制定包括风险评估、资源配置、响应策略和责任分工等内容。一个有效的地震应急预案应明确灾害发生时各部门的职责与分工，确保信息畅通、资源调配及时、救援行动迅速。演练是检验应急预案有效性的重要手段。通过定期的地震应急演练，能够使应急响应人员熟悉操作流程，提高应急处理能力；同时，演练还可以帮助公众掌握基本的避险技能和逃生方法，增强抗震防灾意识。例如，日本每年都会举行"防灾日"演练，模拟地震发生后的紧急响应，旨在提高全社会的抗震防灾能力。

地震灾害发生后，快速、有效的应急响应至关重要。应急响应的协调与指挥通常由政府主导，涉及多部门、多层级的协作。应急响应包括灾情评估、救援行动、医疗救治、物资供应和信息发布等环节，各环节的协调与指挥对救援效果有直接影响。现代应急响应系统通常依托信息技术和通信技术，通过实时信息共享和指挥系统，确保应急响应的高效性。例如，中国地震局设有地震应急指挥中心，利用卫星通信、视频会议等技术手段，实现全国范围内的应急响应协调。美国联邦应急管理局（Federal Emergency Management Agency，FEMA）则通过全国灾害协调系统，确保各州和地方政府在地震灾害发生后能够迅速联动，开展有效的应急响应。

（2）灾后救援与重建工作

灾后救援是应急响应的重要组成部分，其目标是迅速救助受灾人员，尽可能减少人员伤亡。灾后救援的组织与实施包括搜救被困人员、提供医疗救助、分发紧急物资以及建立临时安置点等。搜救行动通常在地震发生后的"黄金72小时"内进行，这是救援的关键时期。搜救队伍需要在最短时间内到达灾区，使用专业设备如生命探测仪和搜救犬等，迅速搜寻并营救被困人员。此外，医疗救助也是灾后救援的重点工作之一，需要提供紧急医疗服务、控制传染病蔓延，并为受伤人员进行妥善治疗。

灾后重建是恢复社会经济秩序、重建家园的重要环节。灾后重建包括基础设施修复、住房重建、公共服务恢复以及经济复苏等多个方面。灾后重建的规划应注重科学性和可持续性，既要满足受灾群众的基本生活需求，也要考虑长期发展目标。在灾后重建过程中，政府通常会制定详细的重建计划，明确资金来源、责任部门和时间进度。同时，还需要充分考虑灾区的地质条件和未来灾害风险，确保重建工作能够有效抵御未来可能发生的地震灾害。例如，汶川地震后的重建过程中，我国政府通过科学规划，实施抗震设防标准更高的建筑设计，并推动灾区产业结构调整，促进区域经济的可持续发展。

地震灾害不仅对物质基础设施造成破坏，还对受灾群众的心理健康产生重大影响。社区恢复与心理支持是灾后重建的重要内容,旨在帮助受灾群众恢复正常生活,重建社会信任和凝聚力。心理支持通常包括心理疏导、心理干预和社会支持网络的重建等措施。心理疏导通过专业心理咨询师与受灾者进行沟通,帮助他们缓解压力、重建信心;心理干预则针对心理创伤较重的个体,提供更为专业的治疗。此外,重建社区支持网络,鼓励邻里互助和社区活动,也有助于促进社会的整体恢复。

地震灾害的减灾对策涉及科技、工程和社会管理等多个领域。在科技和工程方面,地震预警系统和建筑抗震设计的不断发展,为减少地震灾害的直接损失提供了技术保障;在社会管理方面,完善的应急响应机制和科学的灾后重建措施,确保了灾害发生后的快速应对和恢复。这些减灾对策的有效实施,不仅能降低地震对社会的冲击,还为全球减灾事业的发展积累了宝贵经验。未来,随着科技的进步和国际合作的加强,地震灾害的减灾工作必将取得更大的成效。

四、案例分析:唐山、汶川、玉树地震

1. 地震的破坏性与社会影响

(1) 唐山地震的破坏性与社会影响

1976 年 7 月 28 日凌晨,河北省唐山市发生了里氏 7.8 级的大地震。这场地震的震中位于唐山市区内,震源深度约为 11 千米,是一场浅源地震。震中区的地震烈度达到了 XI 级,地面建筑物几乎全部倒塌,基础设施如道路、电力、水利等系统遭到严重破坏。超过 24 万人在这场灾难中丧生,超过 16 万人受伤,直接影响了唐山地区的经济和社会发展。这场地震的破坏不仅体现在物质层面,还对唐山市的生态环境造成了严重影响。地震引发的大面积地裂、地陷和泥石流,使得原本就脆弱的生态环境更加恶化。此外,地震还引发了大量次生灾害,如火灾、毒气泄漏等,进一步加剧了灾情。

唐山地震不仅是一次自然灾害,更是对我国社会的一次重大考验。它暴露了我国在地震预警和应急管理方面的不足,促使政府和社会重新审视并加强了抗震救灾工作。地震发生后,国家启动了大规模的救援和重建工作,在全国范围内募集救灾物资和资金。这场地震还促使我国在建筑设计中引入了更严格的抗震标准,大大提升了全国范围内建筑物的抗震能力。

唐山地震也深刻影响了我国的灾害应急管理体系。由于当时通信手段落后,政府在地震发生后的初期难以及时掌握灾情,导致了救援工作的滞后。这一教训推动了我国应急管理体制的改革,逐步建立了更为完善的灾害信息传递和应急响应机制。此外,地震对社会心理也产生了深远影响,大量家庭失去亲人,社会整体陷入悲痛和不安之中。这些心理创伤在之后的社会重建中得到了广泛关注,心理援助成为灾后重建工作的重要组成部分。

（2）汶川地震的破坏性与社会影响

2008 年 5 月 12 日,四川省汶川县发生了里氏 8.0 级地震,震中位于汶川县映秀镇,震源深度约为 19 千米。这场地震波及范围广,破坏力极强,是中国历史上破坏最严重的地震之一。汶川地震的烈度在震中区达到了 XI 级以上,造成了极为严重的人员伤亡和财产损失。超过 8 万人在地震中死亡或失踪,数十万人受伤,数百万房屋倒塌,直接经济损失达数千亿元。

汶川地震引发了大规模的山体滑坡、泥石流等次生灾害,进一步加剧了灾情的严重性。地震使得大量村镇被毁,交通通信中断,电力和供水系统瘫痪,救援工作面临极大的挑战。此外,地震还形成了多处"堰塞湖",给下游区域带来了新的灾害威胁。

汶川地震不仅对四川省造成了深远影响,也对整个中国社会产生了广泛的冲击。地震发生后,全国范围内迅速启动了紧急救援机制,解放军、武警部队以及大量志愿者迅速赶赴灾区展开救援工作。社会各界纷纷捐款捐物,国际社会也提供了大量援助,汶川地震成为中国抗震救灾历史上规模最大、动员最广泛的一次救援行动。

在经济层面,汶川地震对四川省的经济发展造成了严重打击。大量企业停产,基础设施遭到毁灭性破坏,特别是农业、工业和旅游业受损严重。为了恢复经济,国家和地方政府投入了大量资金进行灾后重建,并出台了一系列扶持政策,帮助灾区人民重建家园。

汶川地震还对中国的地震科学研究和防灾减灾工作产生深远影响。震后,中国政府加大了对地震监测和预警系统的投入,推进了抗震救灾的科技创新。同时,汶川地震的惨痛教训也促使社会各界重新审视并完善现有的地震应急管理机制。

（3）玉树地震的破坏性与社会影响

2010 年 4 月 14 日,青海省玉树藏族自治州玉树市发生了里氏 7.1 级地震,震中位于玉树市结古镇,震源深度约为 14 千米。这场地震在短短数秒钟内摧毁了大量的房屋和公共设施,造成了 2 698 人死亡,270 人失踪,1 万多人受伤,成为玉树地区历史上最严重的一次地震灾害。

玉树地震的破坏性主要体现在建筑物的倒塌上,尤其是当地传统的土木结构房屋在地震中几乎全部倒塌,导致了大量的人员伤亡。此外,玉树地震还引发了广泛的山体滑坡和地面裂缝,进一步加剧了灾害的破坏性。

玉树地震发生在经济欠发达的少数民族地区,灾害的破坏性给当地社会经济发展带来了巨大的挑战。地震不仅造成了大量的财产损失,还打击了当地的旅游业、农业和牧业。特别是作为藏传佛教重要场所的玉树多座寺庙在地震中严重受损,对当地的宗教文化生活产生了深远影响。

地震发生后,国家迅速启动了应急救援机制,调动了大量人力物力进行救援,并展开了大规模的灾后重建工作。国家和地方政府对玉树灾区给予了全方位的援助,包括资金支持、物资供应、医疗救助等方面。与此同时,全国各地的援藏干部和志愿者也积极参与到玉树的重建工作中,为当地的社会经济恢复和民生改善做出了重要贡献。

2. 地震的防治措施与经验教训

(1) 唐山地震的防治措施与教训

唐山地震的灾后重建工作在中国历史上具有重要意义。地震发生后,国家迅速组织了大规模的救援和重建工作。在重建过程中,政府不仅重视基础设施的修复,还注重城市的整体规划与发展。唐山地震后的重建工作强调了建筑物的抗震设计,许多新建建筑都采用了更为严格的抗震标准,这些经验为中国后来其他地区的灾后重建工作提供了宝贵的参考。此外,唐山地震的灾后重建还注重社会心理的恢复。大量心理专家和社会工作者深入灾区,开展心理疏导和社会支持工作,帮助灾民走出地震的阴影。这种注重心理恢复的做法,在后来的汶川和玉树地震中得到了进一步推广。

唐山地震对中国抗震救灾体系的完善起到了关键作用。地震暴露了当时中国在抗震救灾方面的不足,特别是在信息传递、救援资源调配和应急管理方面的欠缺。

为此,国家在震后加强了抗震救灾的制度建设,建立了更为完善的地震预警系统和应急响应机制。这些措施不仅提高了中国的抗震能力,也为未来的地震防灾减灾工作奠定了坚实基础。

(2) 汶川地震的防治措施与教训

汶川地震发生后,中国政府迅速采取了一系列防灾减灾措施。这些措施不仅包括紧急救援,还涉及灾后重建、防震减灾教育和科技创新等多个方面。政府投入了大量资金用于灾后重建,特别是在基础设施的恢复和升级方面,着重提升建筑物的抗震性能。此外,汶川地震后,全国范围内加强了防震减灾教育,提高了公众的防灾意识和应对能力。科技在汶川地震的防灾减灾中发挥了重要作用。震后,中国加大了对地震监测和预警技术的投入,推进了地震科学研究的发展。卫星遥感、地震监测网络和地质勘探技术的应用,大大提高了地震灾害的监测和应急响应能力。

地震在一定程度上推动了中国地震应急管理的改革。震后,中国政府出台了一系列地震应急管理政策,明确了各级政府在地震应急中的职责和任务。地方政府加强了地震应急演练,建立了更加高效的应急指挥系统。此外,汶川地震的经验还促使中国在地震应急物资的储备和调配上进行了制度化改革,确保在未来的灾害中能够更迅速地响应和救援。

(3) 玉树地震的防治措施与教训

玉树地震发生后,中国政府迅速启动了应急救援机制,调动了全国范围内的资源进行救援。由于玉树地处高原,交通不便,救援工作面临巨大挑战。为此,国家在震后加强了少数民族地区的防灾减灾基础设施建设,提高了灾区的应急救援能力。在灾后重建过程中,政府特别注重保护当地的文化和宗教特色,尊重少数民族的风俗习惯,采取了因地制宜的重建方案。这些措施不仅帮助玉树地区恢复了经济和社会秩序,还促进了当地的可持续发展。

玉树地震为中国少数民族地区的防灾减灾工作提供了重要启示。地震发生后,政府认识到少数民族地区在灾害面前的脆弱性,开始加强这些地区的防灾减灾能力建设。特别是在地震监测、应急救援和灾后重建方面,政府投入了更多的资源,力求提高这些地区的抗灾能力。

此外,玉树地震还推动了对少数民族地区的防灾减灾教育。政府和社会各界加强了对少数民族群众的防灾减灾培训,帮助他们掌握应对地震灾害的基本技能,提高了他们的灾害应对能力。

第三节　洪水及其防治

一、洪水的发生基础与诱发因素

1. 地形、气候与水系对洪水的影响

（1）地形特征：山区与平原的地形对洪水的导向作用

地形在洪水的发生与传播过程中扮演着重要角色。山区地形因其坡度大、地势高差明显,容易导致暴雨后形成急流,加速地表径流的汇集,从而引发突发性洪水。这类洪水通常具有快速形成、流速大、破坏力强的特点,容易对山区的居民和基础设施造成严重威胁。与此相对,平原地区由于地势较为平坦,水流扩散速度较慢,洪水的积水范围广,持续时间长,往往导致广泛的农业损失和大面积的人员疏散需求。因此,地形对洪水的导向作用不仅体现在水流的速度与方向上,还直接影响着洪水的类型与危害程度。

（2）气候条件：季风、降雨模式与极端天气的影响

气候条件是决定洪水发生的关键因素之一。季风气候尤其容易引发大规模的降雨,从而导致流域内的洪水泛滥。以中国南方为例,每年夏季季风带来的大量降水常常超过河流的承载能力,导致洪水频发。此外,降雨模式的变化,如短时强降雨和长期持续降雨,对洪水的形成具有不同的影响。短时强降雨容易造成局部暴洪,而持续降雨则可能导致流域内河流普遍超警戒水位,从而引发大面积洪灾。极

端天气现象,如台风和龙卷风,常常伴随着强降雨和大风,加剧了洪水的风险。在全球气候变化的背景下,极端天气事件的频率和强度增加,进一步加大了洪水灾害的发生概率。

(3) 水系结构:河流网络与洪水传播路径

水系结构,即河流及其支流的分布与连接方式,对洪水的传播路径和速度起到重要作用。一个复杂的河流网络可以加速洪水的汇集和传播,尤其是当多个支流同时出现洪峰时,容易形成大范围的洪水。在一些典型的洪灾地区,如中国的长江中下游地区,河流网络密集且与湖泊、湿地相连,洪水不仅沿着河道传播,还会通过支流和湖泊蔓延至更广泛的区域。此外,河道的形态也影响洪水的流动方式。河道狭窄处容易造成水流壅塞,形成局部水位抬升,加重洪水灾害。河道的宽窄、曲折程度、河床的坡度等因素都直接关系到洪水的速度、积水范围及其持续时间。

2. 人类活动与洪水的关系

(1) 土地利用变化:城市化、农业开发与森林砍伐对洪水的影响

土地利用变化是导致洪水风险加剧的重要因素之一。城市化进程中,大片的自然植被被不透水的人工地面(如道路、建筑物等)所替代,导致雨水无法有效渗透到地下,从而增加了地表径流量,迅速汇集形成城市内涝。农业开发,特别是过度的耕作和灌溉活动,会导致土壤结构的改变,降低土地的保水能力,使得洪水更容易形成并传播。此外,森林的砍伐破坏了原有的生态平衡,失去了天然的"海绵"作用,增加了洪水发生的频率和强度。森林在吸收降水、减少地表径流方面起到重要作用,森林面积减少意味着更多的降水直接汇入河流,增加了洪水风险。

(2) 水利工程建设:水库、堤坝与引水工程的正反作用

水利工程建设,如水库和堤坝,通常被认为是防洪的有效手段。然而,这些工程也有可能引发新的洪水风险。一方面,水库和堤坝可以调节河流流量,减缓洪峰,保护下游地区免受洪水威胁;另一方面,过度依赖水利工程也可能导致人为灾害。例如,当水库水位过高需要紧急泄洪时,可能会引发下游的洪水。引水工程则有可能改变区域的水文特征,使得原本干燥的地区出现洪涝问题。尤其是在设计和管理不当的情况下,水利工程反而可能加剧洪水灾害。

(3) 气候变化与洪水风险:温室气体排放对降水模式的影响

气候变化通过影响全球和区域的降水模式,从而对洪水风险产生深远的影响。温室气体排放导致全球气温升高,改变了大气环流模式和水循环系统,导致一些地区降水增加,洪水发生频率和强度加剧。特别是在极端天气事件(如暴雨和台风)发生频

率增加的背景下,洪水风险显著上升。气候变化还导致海平面上升,增加了沿海地区的洪水风险。这些地区不仅面临内陆洪水的威胁,还可能遭受风暴潮的侵袭,进一步加剧了灾害的复杂性。

二、洪水的成灾机制与危害

1. 洪水的形成过程与破坏机制

(1) 洪水的形成过程:降水、地表径流与河流汇集

洪水的形成首先源于大量降水的集中出现。降水包括大气中的水汽凝结形成的雨、雪、冰雹等形式,尤其是强降雨或持续降雨,极易引发洪水。当降水强度超过土地的吸收能力时,未被土地吸收的水量将形成地表径流。这些地表径流迅速汇集并流向低洼地区或河流,导致河流水位急剧上升。

河流汇集是洪水形成的关键阶段,特别是在河流支流众多的流域,当各支流同时发生洪水时,主河道的水位会快速上涨,极大地增加洪水发生的可能性。洪水不仅仅发生在传统的河流系统中,也可能在城市环境中形成内涝,尤其是在排水系统不健全的地区。降水、地表径流和河流汇集共同构成了洪水形成的主要过程,这一过程因降水量、地形地貌、土地利用等因素的变化而有所不同。

(2) 洪水的破坏机制:水流冲击、土壤侵蚀与泥石流

洪水的破坏机制主要体现在水流的冲击力、土壤的侵蚀作用以及由此引发的泥石流等次生灾害。首先,洪水中的水流具有强大的冲击力,尤其是在河道狭窄或河流坡度大的地方,水流速度快、力量大,能够摧毁沿途的建筑物、桥梁和道路,冲毁农田,导致严重的人员伤亡和财产损失。

其次,洪水带来的土壤侵蚀是另一个重要的破坏机制。洪水中的湍急水流可以侵蚀河岸、山坡和土壤,导致土地肥力流失,破坏农业生产基础。严重的土壤侵蚀还可能导致河道的淤积,进一步加剧洪水的频率和强度。

此外,洪水还可能引发泥石流等次生灾害。当洪水经过山区或土壤松动的区域时,水流携带大量泥沙、碎石和植被残留物,形成泥石流。泥石流具有强大的破坏力,往往在极短时间内摧毁沿途的所有障碍物,造成不可逆的灾难性后果。

2. 洪水对社会与生态环境的影响

(1) 社会影响:人员伤亡、财产损失与社会秩序的破坏

洪水对社会的直接影响体现在人员伤亡、财产损失以及社会秩序的破坏上。洪水

的突然来袭往往导致人员的紧急疏散,而在未及时撤离的情况下,人员伤亡不可避免。洪水的冲击力以及伴随的次生灾害如泥石流,可能导致大规模的人员伤亡,尤其是在人口密集地区。

财产损失是洪水造成的另一大社会影响。洪水毁坏房屋、车辆、基础设施等,导致居民的家园被毁,企业的生产设施被破坏,损失惨重。尤其是在经济欠发达地区,洪水的灾后重建更加困难,经济恢复需要更长时间。

此外,洪水对社会秩序的破坏也不容忽视。洪灾往往伴随交通瘫痪、通信中断、电力供应中断等问题,导致社会秩序混乱。灾后的资源匮乏和公共服务的中断,可能引发社会矛盾,甚至引起社会不安定因素的滋生。

(2) 生态环境影响:湿地、农田与河流生态系统的破坏与恢复

洪水对生态环境的影响主要体现在湿地、农田和河流生态系统的破坏上。湿地作为重要的生态屏障,往往在洪水中遭到严重破坏。洪水带来的泥沙沉积可能改变湿地的生态结构,导致生物多样性下降,影响湿地的生态功能。

农田在洪水中也容易遭受破坏,洪水带来的泥沙沉积不仅会覆盖农作物,还会使土地变得不再适宜耕种。此外,洪水可能将污染物带入农田,导致土壤污染,进一步影响农业生产。

河流生态系统在洪水中可能经历剧烈的变化。洪水不仅会冲刷河岸,改变河道,还可能破坏河流中的生物栖息地,影响水生生物的生存环境。尽管有些河流生态系统具有较强的恢复能力,但洪水的频繁发生可能导致不可逆的生态破坏。

(3) 经济影响:对农业、工业与基础设施的长期影响

洪水对经济的影响是多方面的,特别是对农业、工业和基础设施的长期影响尤为显著。在农业方面,洪水不仅会导致农作物减产甚至绝收,还会破坏耕地的土壤结构,影响未来几年的农业生产。农业损失往往导致粮食价格上涨,影响国家的粮食安全。

工业方面,洪水可能导致工业设施被毁,生产中断。特别是对于依赖河流水源的工业企业,洪水可能引发水源污染或断供,严重影响生产运营。此外,洪水还可能冲毁化工厂等工业设施,导致有毒有害物质泄漏,进一步加剧灾害的复杂性和危害性。

基础设施的损毁是洪水带来的另一大经济损失。道路、桥梁、电力设施、供水系统等在洪水中可能遭受严重破坏,灾后修复和重建需要巨额资金投入。此外,基础设施的损毁还会影响经济活动的恢复,进一步拖慢灾后经济的复苏速度。

三、防洪减灾对策

1. 工程性防洪措施

（1）堤坝建设与维护：堤坝的作用、设计标准与维护管理

堤坝是防洪工程的核心构造之一，其主要功能是阻挡洪水、引导水流、保护下游地区免受洪水侵害。堤坝通常建在河流的两侧，通过提升河岸的高度，限制河水在洪峰期的溢出。堤坝的设计不仅要考虑洪水的历史数据和流量预测，还需充分考虑区域的地质条件、土壤结构以及气候变化对未来洪水的潜在影响。

堤坝的设计标准是确保其有效性的关键。设计堤坝时，工程师需对洪水的频率和极端情况进行详细的分析，并结合区域发展的长远规划，确定堤坝的高度、宽度、材料以及加固措施。例如，某些地区的堤坝设计标准要求其能够抵御百年一遇或千年一遇的洪水，以确保长期的防洪效果。此外，现代堤坝的设计还需要考虑生态环境的影响，避免对河流生态系统造成不可逆的破坏。

堤坝的维护管理也是防洪系统中不可忽视的环节。堤坝在使用过程中可能因为自然侵蚀、洪水冲击或人为破坏等原因导致结构损伤或失效。因此，定期检查和维护堤坝结构的完整性，及时修补裂缝和漏洞，防止蚁穴等小问题扩展成大的隐患，是维持堤坝防洪功能的必要措施。此外，堤坝管理还需制定应急预案，确保在极端洪水情况下能够迅速采取措施，防止堤坝失效引发的灾难性后果。

（2）蓄洪区规划：蓄洪区的设立、运作机制与效果评估

蓄洪区是一种重要的防洪措施，旨在通过设立特定区域来暂时储存洪水，从而减轻下游地区的防洪压力。蓄洪区通常位于洪水易发地区或人口稀少的平原地带，在洪水发生时通过蓄洪区的启动，将部分洪水引入其中，以削减洪峰，减少主河道的压力。

蓄洪区的设立需要科学的规划和严格的管理。首先，要选择适合蓄洪的地形条件，如地势低洼、排水顺畅、土壤渗透性强等。其次，要对蓄洪区的蓄洪能力进行精准计算，确保其在极端情况下能够容纳预计的洪水量。同时，还需考虑蓄洪区的土地利用现状，合理规划农业、生态保护与蓄洪功能的协调发展。

蓄洪区的运作机制主要包括水流的引导、控制和释放。在洪水来临时，水利工程部门会通过闸门、堰坝等设施，将部分洪水引入蓄洪区。在洪水退去后，再通过排水设施将蓄积的洪水逐步释放回河流或地下水系统。整个过程需要精确的调度和控制，确保蓄洪区的运作安全可靠，并减少对周边环境和经济活动的影响。

效果评估是确保蓄洪区长期有效的重要手段。通过对蓄洪区运作情况的定期评估，可以识别潜在问题并优化蓄洪区的设计和管理。例如，通过分析蓄洪区在实际洪

水中的表现,可以调整蓄洪容量、优化水流控制措施,提升蓄洪区的整体防洪能力。此外,效果评估还需考虑蓄洪区对生态环境的影响,确保其在防洪同时,能够有效保护区域的生物多样性和生态系统的完整性。

(3)水库调度:水库在洪水调控中的作用与水资源管理

水库是重要的防洪调控设施,除了提供供水、灌溉和发电功能外,还承担着调节洪水的关键作用。通过在河流上游建设水库,可以在非洪水期储存水量,并在洪水期通过控制水库的蓄水和泄洪量,有效减轻下游的洪涝风险。

水库的调度管理在洪水防控中至关重要。在洪水预警发布后,水利部门会根据水文预报、降水预测等信息,合理调度水库的蓄水和泄洪,以降低洪峰和洪水对下游的威胁。在水库调度中,必须权衡蓄水与泄洪的比例,避免因过度蓄水导致水库溃坝,或因过度泄洪加剧下游洪水灾害。

水库调度不仅是防洪手段,还涉及水资源管理。在调度过程中,水库需要兼顾防洪与水资源利用的双重目标。在非洪水期,水库可以储存多余的水量,用于农业灌溉、工业用水和居民供水。然而,过度储水可能削弱水库的防洪能力。因此,科学合理的水库调度不仅要考虑当前的防洪需求,还要平衡区域内水资源的可持续利用。

2. 非工程性防洪措施

(1)洪水预警系统:洪水监测、预警技术与信息传播

洪水预警系统是减轻洪水灾害损失的重要手段。该系统通过监测水文数据、气象信息和流域状况,预测可能发生的洪水,并及时向公众和相关部门发布预警信息,以便采取适当的防护措施。

洪水监测是预警系统的基础。通过在河流、湖泊和关键水文站点安装监测设备,实时获取水位、流量、降水量等数据,并结合气象预报,预测洪水的发生时间、强度和范围。现代洪水监测还包括卫星遥感、无人机监测和大数据分析等技术手段,进一步提高监测精度和时效性。

预警技术的发展使洪水预警系统变得更加高效和准确。现代预警系统利用计算机模型和算法,对洪水的可能路径、影响区域和潜在风险进行模拟和预测。同时,通过与气象部门、通信部门的协作,预警信息可以迅速传播到公众和应急管理部门,确保及时采取防护措施。

信息传播是预警系统的重要环节。通过多渠道、多形式的信息发布,如广播、电视、互联网、移动应用等,预警信息可以迅速覆盖广泛人群,特别是在洪水易发地区和弱势群体中,确保他们能够及时获得信息并采取避险措施。此外,预警信息传播还需要与社区、学校和企业的防灾教育相结合,提高公众的风险意识和应急能力。

（2）国土利用规划：土地利用政策与洪水风险管理

国土空间规划已将土地利用、城市规划等整合为一体，统一指导国土资源的合理开发与保护。在规划过程中，必须避免在洪水高风险区域内进行重要基础设施和居民区的建设。通过限制洪泛区、河流两侧及低洼地带的开发，可以有效降低洪水对人口密集区域的威胁。此外，国土空间规划应充分考虑雨水排放系统的设计与布局，确保城市和农村地区能够有效排水，减少内涝风险。

土地利用政策通过法律法规和行政手段，引导土地资源的合理利用，从而降低洪水灾害的潜在风险。例如，通过实施土地分区管理，规定不同区域的土地利用类型和强度，可以避免高风险区的过度开发。此外，土地利用政策还应支持生态保护和恢复，如湿地修复、森林植被保护等，以增强自然环境对洪水的调蓄能力。

洪水风险管理是土地利用规划的重要目标之一。通过评估不同地区的洪水风险，制定相应的土地利用策略，可以有效减少洪水对社会经济的影响。例如，在高风险区可以设立绿地、蓄洪区等，以减少建筑物的损失；在中低风险区则可以根据风险等级，适当调整土地利用方式，确保区域内的经济活动和人居环境的安全。

（3）应急管理与灾害应对：应急预案、社区准备与灾后救援

应急管理是减少洪水灾害损失、保障人民生命财产安全的重要措施。它包括从洪水发生前的准备，到洪水期间的应对，以及洪水后的恢复与重建。

应急预案是应急管理的基础。在洪水发生前，各级政府和应急管理部门需制定详细的应急预案，明确各方职责、应急响应程序和资源调度计划。应急预案不仅包括洪水的监测预警和紧急避险方案，还涵盖了物资储备、医疗救援、通信保障等方面的内容，确保在洪水来临时能够迅速有效地组织救援行动。

社区准备在应急管理中发挥着重要作用。通过开展社区防灾教育、组织应急演练和建立基层应急组织，可以提高居民的防灾意识和应急能力。例如，社区可以设立避难所，储备应急物资，并制定疏散路线和联络方式，确保在洪水来临时，居民能够及时撤离到安全地点。此外，社区的防灾自救能力也是提升应急响应效率的重要保障。

灾后救援是洪水应急管理的最后一环，也是重建家园、恢复生产生活的关键阶段。在洪水退去后，政府和社会各界需迅速组织灾后救援工作，包括搜救失踪人员、安置受灾群众、提供医疗救助和心理支持等。同时，灾后救援还需尽快恢复供水、供电、交通等基础设施，确保灾区的基本生活条件。此外，灾后评估和总结经验教训也是防止类似灾害再次发生的重要环节。

防洪减灾是一项复杂而系统的工程，既需要工程性措施的坚实基础，也需非工程性措施的灵活管理和社会动员。通过综合运用各种防洪对策，才能最大限度地减少洪水灾害对人类社会的影响，实现人与自然的和谐共生。未来，随着气候变化的加剧和社会经济的发展，防洪减灾工作将面临更多挑战和机遇，需要我们不断探索和创新，构

建更为科学、有效和可持续的防洪体系。

四、案例分析:1998 年长江洪水

1. 长江洪水的成因与灾害过程

（1）成因分析:极端降水、上游来水与气象条件的影响

1998 年长江洪水的成因是多方面的,主要包括极端降水、上游来水和不利的气象条件。长江流域在该年夏季经历了长时间的强降雨,尤其是在 6 月至 8 月,整个流域的降水量远超常年,导致河流水位持续升高。极端降水的出现不仅与季风的异常活动有关,还与当时的厄尔尼诺现象密切相关。这种全球性的气候异常现象导致了大范围的强降水,并打破了正常的气候平衡,进一步加剧了长江流域的水文压力。

此外,上游来水量的增加也是造成 1998 年洪水的重要原因之一。长江上游的暴雨使得大量水流迅速汇集,形成了洪峰,并通过支流和主干流向下游传递。由于上游来水量超出水库的调控能力,下游地区的防洪压力大大增加,最终导致了严重的洪涝灾害。

气象条件的恶化进一步加剧了洪水灾害的严重性。当年的台风频繁登陆中国东部沿海地区,并深入内陆,对长江中下游地区的天气系统产生了重要影响。这些不利的气象条件在洪水期间使得长江流域的降水量持续增加,极大地延长了洪水的持续时间,导致了长江全流域的大范围灾害。

（2）灾害过程:洪峰形成、传播与主要受灾地区

1998 年长江洪水的灾害过程分为多个阶段,主要涉及洪峰的形成、传播和主要受灾地区。洪峰形成的初期,长江流域上游地区暴雨成灾,水位迅速上升。随着降雨的持续,洪峰逐渐形成并向下游传播。在这个过程中,洪峰的强度不断增加,并沿着长江主干道向下游蔓延,对沿岸地区造成了严重威胁。

洪峰传播的过程中,长江流域的多个重要城市和农田受到严重影响。特别是湖北、湖南、江西、安徽等省份,由于处于长江中下游地区,洪水直接威胁到了这些地区的城市安全和农业生产。武汉、九江、南昌等地由于地势较低,成为洪水泛滥的重灾区。洪水不仅淹没了大片农田,导致粮食减产,还对城市基础设施、交通运输和人民生命财产安全造成了巨大的破坏。

在洪水的灾害过程中,长江干流与其支流汇合处以及低洼易涝地区是受灾最严重的地方。这些地区的洪水泛滥面积大,持续时间长,造成了房屋倒塌、道路毁坏、河堤决口等一系列严重后果。尤其是在洪峰期间,部分地区的水位甚至超过了历史最高记录,给当地政府和人民带来了巨大的防洪压力和应对挑战。

2. 防治措施与灾后重建经验

（1）应急响应与防洪措施：政府反应、军队参与与社区动员

在 1998 年长江洪水灾害面前，我国政府迅速作出了反应，启动了大规模的应急响应机制。国家防汛抗旱总指挥部紧急动员各级政府、军队和民众参与防洪救灾工作。中央政府制定了明确的防洪措施，派遣官员深入一线指挥防汛工作，确保各项救援措施的有效实施。

军队在此次抗洪救灾中发挥了至关重要的作用。中国人民解放军和武警部队迅速投入抗洪一线，协助地方政府修筑和加固堤坝、疏散群众、运输物资，并参与抢险救援工作。军队的快速反应和高效行动极大地减轻了洪水灾害带来的损失，挽救了大量的生命和财产。

社区动员也是防洪措施中不可或缺的一部分。洪水发生后，广大群众积极响应政府号召，参与到防洪救灾的行动中来。社区居民自发组织起来，协助抢修堤坝、排除积水、保护家园。同时，各地还通过广播、电视等渠道向居民发布洪水预警信息，提高群众的防灾意识，减少了人员伤亡和财产损失。

（2）灾后重建与恢复：灾后重建计划、经济恢复与生态修复

在洪水消退后，灾后重建工作迅速展开。我国政府制定了全面的灾后重建计划，重点关注基础设施的恢复、受灾群众的安置以及经济和社会秩序的恢复。在基础设施方面，政府投入大量资金修复了受损的道路、桥梁、电力设施和供水系统，确保了受灾地区的基本生活条件得到恢复。

经济恢复是灾后重建的重要组成部分。为了帮助受灾地区恢复生产生活，政府推出了一系列经济扶持政策，包括减免税费、提供贷款支持、鼓励企业复工复产等。同时，政府还组织农业专家深入灾区，帮助农民恢复农业生产，并提供技术指导和物资支持，确保粮食生产尽快恢复到正常水平。

生态修复是灾后重建中的另一项重要任务。洪水对长江流域的生态环境造成了严重破坏，特别是湿地和河流生态系统受损严重。为了恢复受损的生态环境，政府采取了多种措施，包括修复和保护湿地、恢复森林植被、加强水土保持等。通过这些措施，受灾地区的生态环境逐渐得到恢复，为长远的可持续发展奠定了基础。

第四节　海啸及其防治

一、海啸的形成原因与特征

1. 海底地震、火山喷发与滑坡对海啸的影响

（1）海底地震的影响

海底地震是引发海啸最常见的原因。地震通过震源的能量释放,导致海底断层的突然移动,进而扰动上方的大量海水,引发海啸波的生成和传播。地震的震源深度和震级对海啸的形成有着重要的影响。一般来说,震源越浅,地震对海底的扰动越强烈,越容易引发海啸。震级越大,能量释放越多,造成的海洋扰动也越大,从而产生更强的海啸波。例如,震源深度较浅的地震,特别是 10 千米以内的地震,往往会引发规模较大的海啸。而震级达到 8.0 级或以上的大地震,几乎必然会在其震中附近的海域引发严重的海啸。

海底断层的位移方式直接决定了海啸的强度和范围。当断层垂直移动时,海底的隆起或下陷会迅速推移或拉动上方的水体,产生剧烈的波动。这种大规模的垂直位移往往导致强烈的海啸。相比之下,水平位移尽管也能引发海啸,但其破坏性通常不及垂直位移,因为水平运动对水体的直接推动力较小。断层的移动方式和速度也决定了波的高度、波长以及传播速度,进而影响海啸的破坏力。

2004 年印度洋海啸就是由苏门答腊岛近海的一次大规模海底地震引发的。这次地震震级达到 9.1 至 9.3 级,震源深度仅约 30 千米,断层的垂直位移超过了 15 米,导致了巨大海啸的形成。这场海啸波及多个国家,造成了数十万人死亡和巨大的经济损失。另一个例子是 2011 年的日本东北太平洋地区发生里氏 9.0 级大地震,引发了规模巨大的海啸,给日本沿海地区带来了严重的灾难,并导致了福岛核电站事故。

（2）火山喷发的影响

火山喷发也是海啸发生的主要成因之一,特别是在火山岛和沿海地区,火山活动对海啸的形成具有显著影响。火山喷发的形式多样,通常以爆发式喷发和火山口的塌陷最具引发海啸的潜力。爆发式喷发会将大量的岩浆和气体高速喷出,并伴随巨大的爆炸声,这种能量的释放不仅会造成地面和海底的强烈震动,还会推移大量水体,形成海啸。火山口的塌陷则会导致海底大面积的塌陷和下沉,迅速排挤水体,从而产生大规模的海啸波。

火山岛特别容易受到火山喷发引发的海啸影响,因为这些岛屿通常位于地质活跃的区域,火山活动频繁。火山岛海啸的特殊性在于其波动范围往往更为局限,但破坏力极强。火山喷发所引发的海啸波可能在岛屿周围形成高度集中的波浪,迅速冲击沿岸地区。例如,1883年克拉克托火山喷发引发的海啸,高达30米的海浪瞬间席卷周边海岸,摧毁了沿海村庄,造成数万人死亡。

历史上,火山喷发引发的海啸事件屡见不鲜。除了克拉克托火山事件,另一个著名案例是1888年的琉球群岛海啸,这次海啸由琉球群岛附近的火山喷发引发,导致了严重的人员伤亡和财产损失。此外,最近一次显著的火山喷发海啸事件是2018年印度尼西亚巽他海峡海啸,由阿纳克克拉克托火山喷发引发,造成了广泛的破坏和生命损失。

(3) 海底滑坡的影响

海底滑坡虽然较为罕见,但一旦发生,也会引发局地性的强烈海啸。滑坡通常由地震、火山活动或海底沉积物的不稳定性引发。海底滑坡的发生通常是由于海底斜坡的不稳定性,当大量的沉积物突然滑落,产生的动能会推移上方水体,引发海啸。滑坡的动力学过程包括沉积物的破裂、滑动和加速,这一过程迅速转化为巨大的推力,进而导致海啸的形成。同样,陆地滑坡,如海岸崩塌,也会引发局地性的海啸,虽然规模较小,但对近海区域的破坏力不容忽视。

滑坡的体积和速度是决定海啸规模的重要因素。体积越大、速度越快的滑坡产生的海啸波能量越高。滑坡体积的大小直接影响到水体的移动量,而滑坡的速度则决定了波动的迅猛程度。较大的滑坡事件,如巨型沉积物的突然崩落,往往会在滑坡区域附近引发剧烈的海啸波动,破坏力极大。

1998年巴布亚新几内亚地震引发的海底滑坡,导致了一次灾难性的海啸。这次海啸的形成原因是地震引发了海底沉积物的巨大滑坡,产生的海啸波高达15米,瞬间摧毁了沿海村庄,造成了数千人死亡。类似的案例还有1958年阿拉斯加海啸,当时的地震引发了一次规模巨大的海底滑坡,导致了著名的丽图亚湾巨浪,海啸波高达524米,创下了历史纪录。

2. 海啸的波动特征与传播机制

(1) 波动特征

海啸波的形成通常源于海底地震、火山喷发或海底滑坡等剧烈的地质活动。这些事件引发了海底的突然位移,导致了上方水体的巨大扰动。当地壳发生快速移动时,海底断层或地表的位移会使得海水发生剧烈的上下震动,这种震动在水中形成了巨大的波动。这种波动的振幅和波长与海底扰动的性质和规模密切相关。振幅反映了水体表面上下的波动幅度,而波长则是相邻波峰之间的水平距离。海啸波的波长往往可以达到数百千米,而振幅通常在深海时较小,然而随着波浪接近海岸,振幅显著增加。

与风浪等常见的海洋波浪不同,海啸波具有明显的非周期性特点。风浪通常是周期性的,具有相对固定的波长和频率,而海啸波则因其能量的突然释放和广泛传播,表现为非周期性。这意味着海啸波的波长、波高、速度等均不具有固定的周期性,且波浪的到达时间和波形也难以预料。

海啸波的能量传播具有显著的特性。由于其源头的巨大能量释放,海啸波能够跨越整个大洋传播数千千米,同时保持相当的破坏力。海啸波能量的传播不像普通波浪那样迅速减弱,而是能长时间保持强度,直到接触到陆地或其他障碍物。这种能量的广泛传播使得海啸的影响不仅局限于震中附近的区域,还可以在远离震中的地方造成严重灾害。

(2) 传播机制

海啸波的传播速度受海洋深度的影响极大。在深海中,海啸波的波速可以达到800千米/小时,接近喷气式飞机的飞行速度。这是因为深海中水体的整体运动能够以较高的速度传递波动。然而,当海啸波进入浅海区域时,波速显著降低。这是由于浅海中水体深度减小,波浪底部与海底之间的摩擦力增大,能量逐渐耗散,从而减缓了波浪的速度。然而,虽然速度下降,海啸波的振幅却会在浅海区域显著增加,导致更强烈的波浪冲击力,从而加剧了海啸对沿海地区的破坏。

海岸地形在海啸波的最终破坏力中起到至关重要的作用。海岸线的形状、海底坡度以及海湾的构造等因素都可能对海啸波产生放大效应。当海啸波接近岸边时,由于水深的迅速减小,波浪的振幅显著增加,这种现象称为"波浪增幅效应"。特别是在具有狭长海湾或U形海岸线的区域,海啸波的能量容易被聚集和放大,导致局部区域的波高远远超过其他地方,造成严重的破坏。例如,2004年印度洋海啸中,某些海湾地区的波高远超预期,导致灾难性的后果。

海啸波的传播不仅限于其发生区域,还可以通过大洋传播到全球各地。海啸波在大洋中的传播模式受地球表面曲率、海底地形、洋流等多种因素的影响。通常情况下,海啸波以放射状传播,从震中向四周扩散。然而,由于海底地形的复杂性,海啸波的传播路径可能会发生偏折和集中,这使得某些区域可能遭受更严重的冲击。

现代科学技术的发展使得海啸波的传播时间预测成为可能。基于海啸波传播速度和距离的计算,科学家能够预测海啸波何时到达特定沿海地区,从而为当地政府和居民提供宝贵的应急准备时间。全球海啸预警系统的建立,通过实时监测海底地震活动和波浪传播,为减少海啸灾害提供了有效的手段。然而,尽管如此,海啸波的复杂传播模式仍然使得精确预测充满挑战,特别是在涉及复杂地形和多重波源的情况下。

3. 海啸的预警与减灾措施

（1）海啸预警系统

海啸预警系统是通过监测地震、海洋波动和其他相关数据，及时发出海啸预警信号。当前的预警系统依赖于地震监测网、海洋浮标以及卫星观测数据。当地震发生后，预警系统能够在几分钟内分析震源位置、震级和潜在的海啸威胁，并发布预警。预警系统的有效性依赖于快速准确的数据处理和传播，这为沿海居民赢得了宝贵的避难时间。

（2）海啸的预警与减灾措施

减少海啸灾害的措施包括提高公众防灾意识、建设海啸防护工程以及制定应急疏散计划。沿海地区的建筑物设计需要考虑海啸的冲击力，采取加固和防护措施，如建设海堤、波浪屏障等。此外，沿海社区应定期进行海啸疏散演练，确保居民在收到预警后能够迅速撤离到安全地带。政府和有关部门还应制定详细的应急预案，协调救援行动和灾后重建工作，以最大限度减少海啸灾害带来的损失。

二、海啸的危害与应对

1. 海啸对沿海地区的破坏力与社会经济影响

（1）破坏力

海啸的破坏力主要源于其巨大的冲击力和水体侵蚀作用。当海啸波浪以极高的速度和巨大的能量冲击海岸时，所产生的巨大冲击力能够瞬间摧毁沿海的建筑物、道路和其他基础设施。海啸波浪的冲击力与其波高、波速和水体密度密切相关，波浪越高、速度越快，其冲击力越强，破坏范围也越大。

除了直接的冲击力，海啸波浪还带来了强大的水体侵蚀作用。由于海啸波浪往往伴随着大量的泥沙和碎石，当这些物质随着波浪冲击海岸时，会对沿海的土地和建筑物造成严重的侵蚀。这种侵蚀不仅破坏了地表结构，还可能导致建筑物的基础不稳，进一步加剧建筑物的倒塌风险。侵蚀作用在海岸线、河口和港口等地尤为明显，使得这些地区的基础设施容易遭受毁灭性打击。

海啸对建筑物和基础设施的破坏机制复杂多样，主要包括结构性破坏、功能性损坏和二次灾害引发的连锁效应。首先，结构性破坏是指海啸波浪直接冲击建筑物，导致其倒塌或部分结构受损。海啸波浪的巨大冲击力能够摧毁不符合抗震抗冲击标准的建筑物，特别是在沿海地区的老旧房屋和低矮建筑中，海啸往往导致大量建筑物倒塌。

其次，海啸波浪还会造成功能性损坏。即使建筑物的主体结构未被完全摧毁，其内部设施和设备也可能因海水的侵入而受损。例如,电力设施、通信设备、供水系统和交通网络等关键基础设施在海啸冲击下往往会遭到严重破坏,导致灾后救援和恢复工作困难重重。

典型案例之一是 2004 年印度洋海啸,该海啸导致印尼、斯里兰卡、泰国等多个沿海国家的建筑物和基础设施遭到毁灭性打击。在印尼的亚齐省,大量房屋被海啸波浪冲毁,城市的电力、供水和交通系统几乎全部瘫痪。另一个例子是 2011 年日本东部大地震引发的海啸,该海啸摧毁了日本东北部的众多城镇,并导致福岛核电站发生严重事故。这些案例表明,海啸对沿海地区的建筑物和基础设施具有极大的破坏力,且破坏往往是不可逆的。

(2) 社会经济影响

海啸造成的直接后果之一是大量人口的伤亡与失踪。由于海啸发生迅速,波浪到达沿海地区的时间极短,许多居民难以及时撤离,从而导致了大量人员伤亡。海啸不仅导致人员的直接死亡,还可能造成严重的伤病,增加了灾后救援的复杂性。此外,海啸波浪可能将人群卷入大海,导致大量失踪案例。这些失踪人员通常难以找到,给受灾家庭和社区带来了巨大的心理创伤和社会不安。

2004 年印度洋海啸造成了超过 23 万人死亡和失踪,是历史上人员伤亡最为惨重的自然灾害之一。人口伤亡的严重程度取决于多个因素,包括海啸的规模、人口密度、防灾意识和应急准备等。尽管一些国家和地区建立了预警系统,但由于海啸的突发性和强大破坏力,依然难以避免大规模的人员伤亡。

海啸对沿海地区的经济影响是巨大的,通常表现为直接损失和间接损失两个方面。直接损失包括建筑物、基础设施和生产设备的毁坏,以及农业、渔业等产业的损失。海啸波浪往往会淹没大片农田,冲毁正在生长的农作物,导致农业生产受到严重打击。渔业也是海啸影响的重灾区,渔船、渔网等渔业设备被毁,海水的污染导致鱼类资源的减少,从而对沿海渔民的生计造成了长期影响。

旅游业是另一个受海啸影响严重的行业。沿海地区往往是重要的旅游目的地,但海啸的发生会摧毁旅游基础设施,破坏自然景观,并导致游客流失。2004 年印度洋海啸后,泰国、马尔代夫等旅游业发达的国家和地区经历了游客锐减、收入下降的困境。海啸不仅对当地经济造成了直接打击,还可能影响到全球旅游市场的信心。

海啸的灾后重建和社会复原是一个长期而复杂的过程,涉及基础设施重建、经济恢复、生态修复以及社会心理的愈合。首先,基础设施的重建是重中之重。被海啸摧毁的房屋、道路、桥梁、电力和供水系统需要尽快修复,以恢复正常的社会生活。然而,由于海啸的破坏范围广,重建工作通常耗时多年,且需要大量资金和资源支持。

经济恢复也是一项艰巨的任务。灾后经济通常面临着生产停滞、失业率上升、投资减少等问题。各级政府和国际社会需要制定详细的经济恢复计划,支持受灾地区的农业、渔业、工业和服务业的重建。此外,灾后心理疏导和社会凝聚力的重建同样重要。经历海啸灾难的居民往往遭受了巨大的心理创伤,社会也可能出现因灾害引发的矛盾和不安。因此,心理援助和社区重建在灾后恢复中具有不可忽视的作用。

2. 海啸的预警系统与应急避难措施

(1) 预警系统

海啸预警系统的核心是海啸监测技术。海啸的监测主要依赖于海底地震观测网络和海啸浮标系统。海底地震观测网络能够实时检测地震活动,并通过分析震源深度、震级和海底断层的运动情况,判断海啸发生的可能性。海啸浮标系统则能够直接监测海洋中的波动情况,通过对海平面异常变化的监测,及时发现潜在的海啸威胁。

监测到海啸的可能性后,预警信息的迅速传播至关重要。现代预警系统通常通过卫星、无线电、互联网和移动通信网络等多种渠道,将预警信息快速传递给相关部门和公众。一些国家还通过紧急广播系统、电视、社交媒体和短信服务等方式,确保预警信息能够覆盖到更广泛的群体,从而尽可能减少人员伤亡。

许多沿海国家已建立了各自的海啸预警系统,如美国的"太平洋海啸预警中心"(Pacific Tsunami Warning Center, PTWC)和日本的"海啸警报系统"。这些系统通过密集的监测网络和先进的计算模型,能够对可能发生的海啸进行及时预警。然而,由于海啸的波及范围通常跨越多个国家和地区,各国之间的合作显得尤为重要。国际合作不仅包括信息共享,还包括技术支持、人员培训和联合演练等。

联合国教科文组织(United Nations Educational, Scientific and Cultural Organization, UNESCO)下设的"政府间海洋学委员会"(IOC)在促进各国海啸预警系统合作方面发挥了重要作用。该组织通过建立"太平洋海啸预警与缓解系统"(Pacific Tsunami Warning System, PTWS)和"印度洋海啸预警系统"(Indian Ocean Tsunami Warning System, IOTWS),协调各国的预警活动,确保海啸预警信息能够跨国界传递,最大限度地减少海啸对全球沿海地区的威胁。

预警时间的长短直接影响到公众的反应能力和避难效果。理想情况下,预警时间越长,公众就有更多时间采取应急措施。然而,实际情况复杂,预警时间的长短受限于监测设备的精度、海啸波的传播速度以及信息传播路径的畅通性等多种因素。

此外,公众的响应能力还与预警信息的清晰度和公众的灾害意识相关。即便预警时间充足,如果公众对预警信息的理解不准确或反应不及时,避难效果仍然可能大打折扣。因此,提高公众的灾害意识和应急能力是预警系统有效运行的关键。

(2) 应急避难措施

应急避难计划是减少海啸灾害损失的重要手段。制定科学合理的避难计划需要考虑多个因素,包括海啸的潜在威胁区域、人口密度、交通条件和避难设施的布局等。政府和相关机构通常会根据这些因素制定详细的避难路线和避难地点,并通过模拟演练检验计划的可行性。

避难计划的实施依赖于公众对计划的了解和认同。各级政府应通过多种渠道向公众宣传避难计划,确保每个居民都清楚在海啸来临时应该前往哪里、如何到达避难地点。这些信息的传播可以通过社区公告、学校教育、家庭手册等多种形式进行,确保计划能够在紧急情况下得到有效执行。

沿海地区的避难路径和设施建设是应急避难计划的基础。避难路径应尽量避免低洼地带和可能受到海啸波浪直接冲击的区域,同时确保通向避难地点的道路通畅无阻。在路径规划过程中,还需考虑人群的疏散速度和可能出现的交通拥堵情况。

避难设施的建设必须符合一定的抗灾标准。避难所应位于较高的地势,并且建筑结构坚固,能够承受海啸波浪的冲击。此外,避难所还应配备基本的生活物资,如食品、水、药品和应急照明设备,以保障避难者在灾害期间的基本生活需求。避难设施的数量和分布应与当地人口密度相匹配,确保在紧急情况下,所有人都能及时进入避难所。

社区培训和模拟演练是提升海啸应急响应能力的重要手段。通过定期组织培训,居民可以学习到如何在海啸发生时快速反应、正确避险。这些培训通常包括基本的灾害知识、避难路径的识别、紧急救援技能以及应对突发情况的心理准备。

模拟演练是检验和完善应急避难计划的有效方式。通过模拟实际的海啸灾害情景,社区可以在演练中发现避难计划中的漏洞,及时进行修正。此外,演练还能够提高居民在灾害中的协同配合能力,增强他们的信心和应对突发事件的能力。

三、案例分析:2004 年印度尼西亚海啸

1. 海啸的形成过程与破坏力

(1) 形成过程

2004 年 12 月 26 日,印度尼西亚苏门答腊岛西北海域发生了苏门答腊安达曼大地震,震级达 9.1 至 9.3 级,是历史上记录的最强地震之一。此次地震的震源深度约为 30 千米,属于浅源地震。震中位于印尼苏门答腊岛北部海域,沿安达曼苏门答腊俯冲带的断层发生了大规模的垂直位移。

此次地震的发生是由于印度板块和缅甸板块的剧烈碰撞引起的。这两大板块在安达曼苏门答腊俯冲带以每年约 60 毫米的速度相互挤压,积累了大量的地壳应力。最终,在 2004 年 12 月 26 日,这些应力突然释放,导致了巨大的地壳运动,尤其是海底断层的垂直位移,直接引发了大规模的海啸。

地震导致了断层的大规模错动,使得海底地形发生了显著变化,海水受到了剧烈的扰动。在地震发生后几分钟内,海底断层的位移迅速推动了海水,形成了强大的海啸波。这些海啸波最初在震中区域形成,并以极高的速度向外扩散,传播范围覆盖了

整个印度洋地区。由于海底断层位移的规模巨大,海啸波的能量极为强大,形成了连续多波的海啸浪潮,造成了严重的破坏。

(2) 破坏力

2004年印度尼西亚海啸的破坏力几乎遍及整个印度洋沿岸国家。由于海啸波以极快的速度传播,震后不到半小时,海啸波就袭击了苏门答腊岛的西海岸。波浪的高度在部分地区达到30米以上,摧毁了沿岸的村庄、城镇和基础设施。印尼的亚齐省首当其冲,成为此次海啸中受灾最严重的地区之一。海啸在亚齐省造成了广泛的破坏,几乎将该省的沿海地区夷为平地,数以万计的建筑物被毁,人员伤亡惨重。

除了印度尼西亚,海啸波还迅速传播至泰国、斯里兰卡、印度等国。泰国南部的普吉岛等旅游胜地在短时间内遭受了毁灭性的打击,许多度假村被海水吞没,大量游客和居民遇难。斯里兰卡的沿海地区也未能幸免,海啸波在几小时内抵达该国东部海岸,造成了大范围的破坏,铁路和公路交通中断,大量房屋倒塌,数万人无家可归。

海啸波的破坏不仅限于冲击力,还包括水体侵蚀和海水倒灌。由于海啸波具有极高的能量和速度,当它们到达浅海和海岸线时,能量被迅速转化为巨大的冲击力,对沿岸的建筑物、道路和基础设施造成了严重破坏。许多建筑在瞬间被摧毁,海水涌入内陆,淹没了大片土地,进一步扩大了灾害的范围。

据统计,这场海啸共造成超过22万人死亡或失踪,数十万人受伤,数百万人流离失所。经济损失无法估量,印度洋沿岸的多个国家和地区在灾后陷入了长期的经济衰退和社会动荡。特别是在农业、渔业和旅游业等依赖沿海资源的行业,海啸的影响更为深远。

此次海啸还暴露了印度洋沿岸国家在海啸预警和应急管理方面的缺陷。由于缺乏有效的预警系统和应急避难措施,许多地区的居民在海啸到来时毫无准备,导致了大量不必要的人员伤亡。这一教训促使国际社会在灾后迅速采取行动,着手建立印度洋海啸预警系统,以提高地区防灾减灾能力。

2. 国际社会的应对与灾后重建

(1) 应对措施

海啸发生后,各国政府和国际组织迅速响应,启动了紧急救援行动。美国、日本、澳大利亚、印度等国家在灾难发生后立即派遣了救援队伍和物资前往受灾国家。这些救援队伍包括医疗团队、搜救队和后勤支持人员,他们在灾区内展开了紧急救助,搜寻幸存者,处理伤员,提供基本生活保障。同时,联合国及其相关机构,如联合国儿童基金会(United Nations International Children's Emergency Fund, UNICEF)、世界卫生组织(World Health Organization, WHO)等,也迅速组织了跨国救援行动,协调国际资源,确保救援物资和人力能够及时到达受灾地区。

国际社会还通过人道主义援助对受灾国家提供了重要支持。各国政府、非政府组织和私人捐助者迅速筹集资金和物资，用于帮助灾民渡过难关。援助物资包括食品、饮用水、医疗用品、帐篷等基本生活必需品。此外，还设立了临时避难所，为无家可归的灾民提供栖身之所。

在这一过程中，人道主义援助的组织与实施尤为关键。联合国发挥了重要的协调作用，确保援助物资能够快速而有序地分发到各个受灾地区。同时，各国政府与国际组织紧密合作，确保救援行动的高效性和覆盖面。人道主义援助不仅提供了物质支持，也在心理辅导和精神慰藉方面发挥了作用，帮助灾民应对巨大创伤。

然而，救援行动也面临挑战。由于灾难影响范围广泛，部分地区的交通、通信中断，导致救援队伍难以迅速进入。此外，不同国家和组织之间在救援行动中的协调问题，以及物资分配的公平性，也成为亟待解决的难题。这些问题在一定程度上影响了救援的效率，但通过国际社会的共同努力，最终大部分灾区都得到了及时的救援。

（2）灾后重建

灾后重建是一个复杂而长期的过程，需要大量的资金投入。国际社会通过多种途径为受灾国家提供了重建资金。首先，许多国家政府直接向受灾国家提供了双边援助。例如，日本和澳大利亚向印度尼西亚提供了大量资金，用于灾后基础设施的重建。其次，国际金融机构如世界银行、亚洲开发银行等也提供了低息贷款和赠款，帮助受灾国家恢复经济。此外，非政府组织和私人企业也积极参与了资金筹集活动，为重建工作提供了重要支持。

在资金分配方面，国际社会与受灾国家政府密切合作，确保资金用于最需要的地方。重建资金的主要用途包括住房重建、基础设施修复、医疗卫生设施恢复以及教育系统的重建等。此外，为了避免资金滥用和腐败现象，国际社会还设立了透明的资金使用监督机制，确保每一笔资金都能得到有效利用。

基础设施的重建是灾后恢复的关键环节。在 2004 年海啸中，受灾地区的道路、桥梁、供水系统、电力设施等基础设施遭受了严重破坏。重建工作不仅涉及这些设施的修复，还包括提高抗灾能力，以应对未来可能的自然灾害。例如，在印尼亚齐省，重建工作不仅恢复了受损的道路和桥梁，还改进了工程设计，使其更具抗震和抗海啸能力。

与此同时，社会经济复苏计划也在逐步实施。受灾国家根据自身情况，制定了长期的经济复苏战略，旨在恢复农业、渔业、旅游业等受灾最严重的行业。例如，斯里兰卡和泰国的旅游业是国民经济的重要支柱，但海啸的破坏使这些国家的旅游业陷入困境。为此，国际社会在提供经济援助的同时，还帮助这些国家制定了旅游业复苏计划，包括重新建设旅游基础设施、开展国际宣传活动、吸引游客回流等。

国际合作在 2004 年印度尼西亚海啸灾后重建中发挥了至关重要的作用。首先，国际社会的共同努力不仅加快了重建进程，还在全球范围内加强了防灾减灾的意识。通过联合国的协调，各国在灾后重建过程中分享了技术经验和管理模式，形成了一种有效的国际合作机制。这种合作不仅限于资金和物资的援助,还包括知识和技术的共享,如抗震建筑设计、灾后心理辅导等。

此外,国际合作还在灾后重建过程中促进了地区稳定和发展。印度洋沿岸国家通过灾后重建,改善了基础设施,提升了抗灾能力,这为该地区的长期发展奠定了基础。例如,印尼在重建过程中,得到了大量的国际援助,不仅恢复了受损的经济,还通过重建项目创造了就业机会,促进了社会稳定。

最后,2004 年印度尼西亚海啸的灾后重建工作为国际社会应对未来自然灾害提供了宝贵经验。这次灾难促使国际社会认识到全球合作的重要性,并推动了国际灾害管理体系的建立和完善。通过总结这次灾难的教训,国际社会在面对类似的灾害时,能够更加有效地协调行动,减少人员伤亡和财产损失。

第五节　火山及其防治

一、火山的类型与喷发形式

1. 火山类型

（1）盾状火山

盾状火山是地球上最庞大的火山类型,其名字源于其形态类似于盾牌的外观。盾状火山的坡度非常平缓,通常在 2° 到 10° 之间。其主要由低黏性的玄武岩熔岩构成,这种熔岩流动性强,能够在地表上快速扩展,形成广阔的火山体。这类火山的喷发通常较为温和,不会产生剧烈的爆炸性活动。

盾状火山的形成与其下方的热点有密切关系。在热点地区,地幔中的岩浆通过上升流直接到达地壳并在地表喷发,形成广阔的熔岩流。夏威夷群岛就是这种火山活动的典型区域。

夏威夷群岛上的盾状火山,如冒纳罗亚火山和基拉韦厄火山,代表了这一类型的典型特征。冒纳罗亚是地球上最大且最活跃的火山之一,其熔岩流经常缓慢流动,覆盖大面积的土地。基拉韦厄火山则以其持续不断的喷发活动闻名,是研究盾状火山的重要自然实验室。

（2）复合火山

复合火山,也称为层状火山,是火山类型中最典型的一种。其特征是高耸的火山锥和由交替的熔岩流、火山灰和其他碎屑物质构成的层状结构。这种火山通常形成于聚合板块边界处,尤其是俯冲带。复合火山的岩浆多为黏性较高的安山岩或流纹岩,因此其喷发往往伴随着剧烈的爆炸。

复合火山的形态较为陡峭,坡度一般在 15°到 30°之间。由于其喷发时释放的气体和岩浆黏性大,往往会产生高大的火山灰柱,火山口也常因爆炸而形成巨大坑洼。其复杂的结构和多样的喷发形式,使得复合火山在地质研究中占有重要地位。

富士山是日本最著名的复合火山,代表了这一火山类型的典型特征。富士山的锥形火山体高度超过 3 700 米,其历史上多次爆发,产生了大量的火山灰和熔岩流,塑造了其今天的地貌。富士山不仅在地质学上具有重要意义,同时也是日本的文化象征。

(3) 火山穹丘

火山穹丘是一种特殊的火山类型,其特点是由黏性极高的流纹岩或英安岩熔岩构成,熔岩在喷发后迅速凝固,导致其在火山口附近堆积,形成穹顶状的山体。由于岩浆黏性强,流动性差,火山穹丘的形成过程较为缓慢,但一旦成型,其结构非常稳固。

火山穹丘通常是复合火山的一部分,作为火山活动的晚期表现形式。其喷发方式与复合火山类似,但更具有爆炸性,因为高黏性的岩浆在喷发时容易形成压力积聚,导致剧烈的爆炸性喷发。这类火山的喷发通常伴随着火山碎屑流和火山灰喷发,危害性较大。

圣海伦火山位于美国华盛顿州,是一个典型的火山穹丘。1980 年,圣海伦火山发生了一次剧烈的喷发,导致了大规模的火山穹丘坍塌和火山碎屑流的形成。此次喷发不仅毁坏了周围大量的森林和基础设施,还对全球气候产生了短期影响。

2. 火山喷发形式

(1) 熔岩流

熔岩流是火山喷发时最为直观的表现形式,指的是高温岩浆从火山口流出后沿着地表流动的现象。熔岩流的类型主要取决于岩浆的成分和温度。玄武岩熔岩由于温度高、黏性低,流动性强,通常形成缓慢扩展的熔岩流。安山岩或流纹岩熔岩由于温度较低、黏性高,流动性差,往往形成较厚的熔岩流。熔岩流的流速一般较慢,但其高温使其具有极大的破坏力,能够摧毁沿途的一切物体。熔岩流的影响范围通常较为局限,但对沿途的植被、建筑物和基础设施构成严重威胁。

熔岩流对自然环境和人类活动的影响主要表现为土地破坏和资源损失。熔岩流所到之处,植被被焚毁,土壤结构被破坏,原有的生态系统往往无法在短期内恢复。对于人类活动而言,熔岩流可能摧毁农业用地、交通线路和建筑物,迫使人类进行迁移或重建。

(2) 火山灰

火山灰是火山喷发时通过爆炸性喷发产生的微细岩屑,粒径通常在 2 毫米以下。

火山灰的形成过程复杂，一般在岩浆中气体迅速释放、岩浆被破裂并喷射到空中时形成。火山灰颗粒轻盈，容易被上升气流带入高空，并随着风向传播到数百甚至数千千米以外的地区。

火山灰的扩散对航空运输构成重大威胁。火山灰进入飞机发动机后可能导致发动机熄火，严重威胁飞行安全。因此，每次火山喷发后，航空公司通常会暂时关闭受影响地区的空域。

火山灰对气候的影响主要表现在其对太阳辐射的反射作用，导致短期内全球气温下降。此外，火山灰对人类健康也有潜在威胁，吸入火山灰可能导致呼吸道疾病，特别是对于患有哮喘等呼吸系统疾病的人群尤为危险。

（3）火山碎屑流

火山碎屑流是火山喷发过程中最具破坏力的现象之一。它由高温气体、火山灰、浮石和其他火山碎屑组成，以极高的速度沿火山坡快速下滑。火山碎屑流的形成往往是由于火山穹丘的崩塌或火山口的喷发引起的，碎屑流的速度可达每小时数百千米，温度超过数百摄氏度，所到之处几乎无人生还。

1980 年圣海伦火山的喷发就是一个典型的碎屑流案例。此次喷发中，火山穹丘的一侧发生了大规模崩塌，形成了毁灭性的碎屑流，导致 57 人死亡，并摧毁了周围数百平方千米的森林。防范火山碎屑流的关键在于及时的预警和疏散。一旦火山监测机构发现火山喷发的迹象，应迅速发布警报，组织人群撤离危险区域。此外，在火山易发区修建避难所和防护墙，也可以在一定程度上减轻碎屑流的威胁。

二、火山喷发物与构造机制

1. 火山喷发物的种类与环境影响

（1）熔岩与火山碎屑

熔岩是火山喷发时喷出的高温流动岩浆，当它在地表流动时逐渐冷却并固结成岩。根据其化学成分和温度，熔岩可分为玄武岩、安山岩和流纹岩。玄武岩熔岩的温度最高，可达 1 100℃至 1 250℃，具有低黏性和高流动性，因此能够覆盖大面积的土地。安山岩和流纹岩熔岩的温度相对较低，黏性较高，流动性差，通常形成厚重的熔岩流。

火山碎屑（也称为火山碎屑物）包括从火山喷发中喷射出的所有固体物质，按粒径大小可分为火山弹、火山砾和火山灰。火山弹和火山砾是大块的火山碎屑，通常由玄武岩或安山岩组成，而火山灰则是细小的岩屑，直径小于 2 毫米。

熔岩流和火山碎屑对土壤和植被的影响极为显著。熔岩流过的区域，地表植被会被彻底摧毁,土壤结构也会被改变,导致土地在短时间内变得不适合植物生长。然而,随着时间的推移,熔岩流和火山碎屑能够逐渐风化,形成新的土壤,这种火山土壤通常富含矿物质,尤其是磷、钾等元素,对植物生长非常有利。因此,在火山喷发后的几十年至几百年间,火山区域往往会形成新的富饶土地。

火山碎屑在沉积后会改变原有的地形和水系,影响区域生态系统的结构和功能。火山碎屑的厚度和分布范围直接决定了植被的恢复速度。较厚的火山碎屑沉积可能需要更长时间才能被自然侵蚀和分解,而较薄的火山碎屑层则可能较快地被植被重新覆盖。

(2) 火山气体

火山喷发时释放的大量气体主要包括水蒸气(H_2O)、二氧化碳(CO_2)、二氧化硫(SO_2)、氯化氢(HCl)和氟化氢(HF)。其中,水蒸气是最主要的成分,占火山气体的70%以上。二氧化碳和二氧化硫则是最常见的酸性气体,这两种气体在火山喷发中通常以高浓度释放,并能对环境和气候产生广泛影响。

火山气体的组成和浓度因火山类型、岩浆成分和喷发强度的不同而异。在某些情况下,火山气体可能还包括氮气、氨气、一氧化碳、硫化氢等有毒气体,这些气体在高浓度下对生命具有极大的危险性。

火山气体对大气层和气候的影响是多方面的。首先,火山释放的二氧化硫在大气中与水蒸气结合,形成硫酸气溶胶,后者能够反射太阳辐射,导致全球气温短期内下降。例如,1991年菲律宾的皮纳图博火山喷发释放的大量二氧化硫,导致全球气温在接下来的几年内下降了0.5℃左右。其次,火山气体中的二氧化碳虽然相对于其他火山气体的浓度较低,但由于其温室效应的特性,长期来看可能会加剧全球变暖。此外,火山气体中的氯化氢和氟化氢在大气中能够破坏臭氧层,增加地表紫外线辐射,对生态系统和人类健康构成威胁。

火山气体对气候的影响不仅限于地球表面,它们还会改变大气层的组成和结构。高浓度的火山气体可能会在平流层中形成气溶胶层,进一步增强对太阳辐射的反射作用,从而加剧气候的波动性。

(3) 火山灰与其他颗粒物

火山灰是火山喷发过程中形成的细小颗粒物,其粒径通常在0.1至2毫米之间。火山灰的扩散范围取决于喷发的强度和大气条件。剧烈的爆炸性喷发可以将火山灰送入平流层,并在全球范围内扩散。火山灰的沉降模式受重力和气流的共同影响,通常在距离火山几百至几千千米范围内形成厚度不等的沉积层。

火山灰不仅影响地表环境,还对航空飞行构成严重威胁。火山灰进入飞机发动机可能导致发动机熄火,并损坏飞机的其他部件,危及飞行安全。因此,每当火山喷发时,航空公司往往会暂时关闭受影响的空域,避免航班经过火山灰扩散区域。

火山灰对环境的长期影响包括土壤酸化、植被损毁、水源污染等。火山灰中的酸性物质(如硫酸和盐酸)可能导致土壤酸度增加,影响植物的生长。植被受损后,生态系统的稳定性可能受到破坏,导致一系列的连锁反应,如水土流失加剧、生物多样性减少等。

应对火山灰的长期影响,需要采取一系列的恢复措施。首先,应及时清理堆积在建筑物和交通道路上的火山灰,以恢复正常的社会秩序。其次,应采取植被恢复和土壤改良措施,防止土壤酸化和水土流失。最后,应加强对水源的监测和保护,确保饮用水的安全。

2. 板块构造与火山活动的关系

(1) 板块边界与火山分布

聚合板块边界是两块板块相互碰撞的地带,其中一块板块通常会俯冲到另一块板块之下,形成俯冲带。此时,俯冲板块在高温高压条件下发生部分熔融,生成岩浆并逐渐上升至地表,形成火山弧。火山弧是一系列沿着板块边界分布的火山带,其成因与俯冲带紧密相关。

火山弧通常分布在大洋边缘,如环太平洋火山带。这个火山带由多个火山弧组成,包括安第斯山脉火山弧、日本火山弧和阿留申火山弧等。火山弧的火山活动往往伴随着剧烈的地震活动,这种地震与火山的耦合现象进一步说明了板块运动对火山活动的重要影响。

裂谷是地球表面两个板块相互分离的地带,这种地带通常伴随着地壳的拉张和岩浆的上涌。裂谷火山通常形成于大陆内部或大洋中脊处,如东非裂谷和大西洋中脊。裂谷火山的熔岩多为玄武岩,喷发形式以平静的熔岩流为主,火山活动的频率较高。

与板块边界火山不同,热点火山并不与板块边界直接相关,而是与地幔柱的活动密切相关。热点是地幔深处的高温岩浆上升通道,热点火山形成于板块内部,其位置通常不随板块运动而改变。夏威夷群岛和黄石国家公园都是典型的热点火山,它们的形成与地幔柱的活动直接相关。

(2) 地壳与地幔的相互作用

火山活动的根本驱动力是地壳与地幔之间的相互作用。地壳和上地幔之间的温度和压力差异导致岩浆的生成。俯冲板块进入地幔时,板块上的水分会降低岩石的熔点,导致部分岩石熔融生成岩浆。这些岩浆由于密度较低而向上浮升,最终通过火山喷发的形式释放到地表。

在裂谷地带,地壳的拉张作用导致岩石断裂和减压,使得上地幔中的岩石发生部分熔融,生成玄武质岩浆。热点区域的地幔柱则是由于地幔深处的高温熔融岩石上升形成的,岩浆通过地壳上的薄弱点喷发,形成独立的热点火山。

构造环境不仅决定了火山的类型和分布,还影响了火山活动的频率和强度。在聚合板块边界,火山活动通常伴随着地震,火山喷发多为爆炸性喷发,火山碎屑流、火山灰云等对环境的影响更为剧烈。在裂谷地带和热点区域,火山活动多为平静的熔岩流,火山活动的周期较短,但由于岩浆量大,火山喷发对地表形态的改变非常显著。

此外,构造环境的变化也会引发火山活动的变化。例如,板块运动的加速或减缓、地幔柱的增强或减弱都可能导致火山活动的突然爆发或停止。因此,对构造环境的监测和研究对于预测火山活动、减轻火山灾害具有重要意义。

三、火山分布与防治对策

1. 全球火山分布与火山带

（1）"火环"与其他火山带

全球火山带主要分布在环太平洋火山带(通常被称为"火环"),这一带几乎覆盖了太平洋周边的所有板块边界,包括南美洲的安第斯山脉、北美洲的科迪勒拉山系、亚洲的日本群岛和东南亚的许多火山群等。火环约占全球活火山的 75%,其中许多火山是由于太平洋板块与其他大陆板块的俯冲作用而形成的。在这些区域,俯冲板块带来的高温高压条件促使岩石熔融,产生大量的岩浆,这些岩浆通过地壳裂隙上升到地表,形成火山喷发。

除了火环之外,地中海喜马拉雅火山带也是重要的火山活动区域。这个火山带从地中海地区延伸至喜马拉雅山脉,跨越欧亚板块和非洲板块的碰撞带。在非洲大陆内部,东非裂谷地带也是重要的火山带之一,这里是由于非洲板块的张裂作用形成的,代表了板块内的火山活动。

火环火山带以其频繁的爆炸性火山喷发著称,这些火山喷发往往伴随着强烈的地震活动,例如日本的富士山、菲律宾的马荣火山和美国的圣海伦火山等。火环内的火山多为典型的复合火山,由于其复杂的喷发历史,常形成高大且陡峭的火山锥体。地中海喜马拉雅火山带的火山则多为穹丘型火山,喷发物多为黏稠的安山岩或流纹岩,喷发方式多为温和的熔岩流,但也可能出现毁灭性的火山碎屑流,如历史上著名的维苏威火山喷发。

东非裂谷地带的火山通常较为年轻,火山喷发频率较低,但火山锥的形成速度较快。这里的火山多为盾状火山,喷发的熔岩流覆盖面积广,如坦桑尼亚的恩贡山和埃塞俄比亚的埃尔塔阿莱火山。盾状火山由于熔岩的低黏性,喷发的火山锥形状较为平缓,这与火环和地中海喜马拉雅火山带的复合火山形成鲜明对比。

（2）活火山与休眠火山

活火山和休眠火山的分布与地质活动的历史和目前的地质活动状态密切相关。

活火山是指有历史记载以来曾经喷发过,或显示出持续活动迹象的火山。世界上大约有 1 500 座活火山,其中绝大部分位于板块边界附近,如印尼的克拉卡托火山和冰岛的埃亚菲亚德拉火山。这些火山由于其活跃的地质背景,长期处于活跃期,定期或不定期地喷发,对附近地区构成重大威胁。

休眠火山则是指长时间没有喷发记录,但仍具有喷发潜力的火山。虽然这些火山处于"休眠"状态,但这并不意味着它们不会再次喷发。例如,富士山被认为是一座休眠火山,尽管其最后一次喷发发生在 1707 年,但科学家们仍密切监视其活动,以防未来可能的喷发。

火山爆发指数(Volcanic Explosivity Index,VEI)是用来衡量火山喷发规模的一种定量指标。它不仅考虑了火山喷发物的体积,还包括了喷发柱高度和喷发持续时间等因素。VEI 指数从 0 到 8 级不等,级别越高,火山喷发的破坏性就越大。

例如,1980 年美国圣海伦火山的喷发被评为 VEI 5 级,这场喷发释放了大量火山灰和火山碎屑流,摧毁了周围的森林和建筑物。相比之下,1815 年印尼坦博拉火山的喷发达到了 VEI 7 级,这次喷发是已知人类历史上规模最大的火山爆发之一,它直接导致了全球气温下降和次年"无夏之年"的发生。通过分析火山的 VEI 指数,科学家们能够评估火山喷发的潜在破坏性,并据此制定相应的应对措施。

2. 火山监测与喷发预警措施

(1) 火山监测技术

地震监测是火山活动监测中最重要的方法之一。火山喷发前,地下岩浆的移动会引发一系列小型地震,这些地震被称为火山地震或火震。通过密集分布的地震监测仪,科学家可以捕捉到这些火山地震的信号,并分析其频率、强度和位置变化。当火山地震的频率和强度突然增加,且震源逐渐向火山口集中时,往往意味着火山即将喷发。

此外,岩浆上升还会引起地壳的变形,形成火山肿胀现象。通过全球定位系统(Global Positioning System,GPS)和倾斜仪等工具,科学家可以实时监测火山表面的微小形变,从而推断地下岩浆的活动情况。这些地壳变形与地震活动的结合分析,使得科学家能够更加准确地预测火山喷发的时间和地点。

卫星遥感技术提供了监测火山活动的全球视角。通过红外成像和热感应仪器,卫星可以检测到火山区域的热异常变化,如熔岩流、火山口的温度上升和火山气体的排放量增加等。这些热异常往往是火山活动增强的信号,可以作为预警火山喷发的重要依据。

此外,卫星遥感还可以监测火山灰云的扩散和飘移路径。这对于航空运输安全至关重要,因为高浓度的火山灰云会损害飞机发动机,导致严重的航空事故。通过实时追踪火山灰云的动态,相关部门可以及时调整航班路线,避免灾难的发生。

（2）预警系统与应急响应

火山喷发预警系统的建立基于对火山监测数据的综合分析。这些系统通常包括多级预警机制，从一般关注到紧急疏散，共分为若干级别。预警级别的提升意味着火山喷发的风险逐渐增加，当预警级别达到最高时，通常意味着火山喷发不可避免，需要立即采取疏散措施。

预警系统的运作依赖于科学家和政府部门之间的紧密合作。科学家通过分析火山监测数据，向政府部门提供风险评估报告，而政府则根据这些报告决定预警级别，并通过媒体和公共渠道向公众发布预警信息。在一些火山高风险区域，预警系统还会通过短信、广播等方式，直接通知当地居民和游客，以确保信息传递的及时性和准确性。

在火山喷发预警系统的基础上，应急疏散计划的制定和执行至关重要。应急疏散计划通常包括火山喷发时的疏散路线、疏散点的设置、交通工具的调配以及后勤保障等方面。为了确保疏散计划的顺利实施，当地政府和社区需要定期组织应急演练，让居民熟悉疏散流程，提升他们的应急反应能力。

除了应急疏散计划，社区教育也是火山防灾工作的重要组成部分。通过科普讲座、火山知识宣传册和教育视频，社区居民可以了解火山喷发的基本知识和应对措施。例如，如何识别火山喷发的前兆、如何选择安全的避难地点以及如何在疏散过程中保持冷静和有序等。这些教育活动不仅能提高居民的防灾意识，还能增强他们应对火山灾害的自信心。

四、案例分析：意大利维苏威火山

1. 维苏威火山的历史喷发事件与社会影响

（1）公元 79 年的喷发事件

公元 79 年，维苏威火山发生了历史上最著名的一次喷发。这次喷发的规模极为巨大，是火山爆发指数（VEI）为 5 级的剧烈喷发事件。喷发始于 8 月 24 日中午，最初火山口喷出了高达数千米的火山灰柱，伴随着猛烈的火山爆炸声，灰烬迅速覆盖了附近的庞贝和赫库兰尼姆等城市。随着火山活动的进一步加剧，火山喷出了大量的火山碎屑流，这种高温且高速移动的火山物质迅速冲向山麓，摧毁了沿途的所有建筑物和生命。

火山碎屑流是此次灾难的主要毁灭力量。它不仅造成了物质上的毁坏，还在短时间内导致了大量人员死亡。现代研究表明，庞贝和赫库兰尼姆的居民大多是因高温和有毒气体窒息而死，而非传统意义上的熔岩吞噬。喷发持续了两天，最终火山灰和石块将庞贝和赫库兰尼姆完全埋没,使得这些城市在接下来的数个世纪里被遗忘。

庞贝和赫库兰尼姆的毁灭标志着公元 79 年维苏威火山喷发事件的最大社会影响。庞贝是当时罗马帝国的重要城市,以其繁荣的商业和文化生活著称。庞贝的街道、公共浴场、剧院、商店和住宅区都被火山灰所掩埋,这些灰烬在一定程度上保存了城市的原貌,为后世提供了极其珍贵的历史和考古资料。

赫库兰尼姆虽然规模较小,但其毁灭同样具有重要意义。赫库兰尼姆的位置更靠近火山,因而受到的直接破坏更为严重。由于火山碎屑流迅速掩埋了城市,赫库兰尼姆的遗址被更好地保存下来,包括木质结构和有机材料,这为考古学家提供了研究古代罗马生活的重要线索。

庞贝和赫库兰尼姆的毁灭不仅是一次自然灾害的象征,更是对人类脆弱性的深刻提醒。通过对这些遗址的发掘和研究,我们得以一窥古罗马人的日常生活方式,并深刻理解火山灾害对人类社会的影响。

（2）近现代喷发事件与影响

在公元 79 年喷发后,维苏威火山进入了相对平静的时期,但并未彻底熄灭。自 17 世纪以来,维苏威火山多次喷发,尤其是 1906 年和 1944 年的喷发最为显著。1906 年的喷发是维苏威火山近代最强烈的一次,它导致了广泛的破坏,几乎摧毁了火山周围所有的村庄和农田。此次喷发的火山灰覆盖了大面积的农业用地,使得当地经济受到严重打击。

1944 年,维苏威火山在第二次世界大战期间再次喷发,尽管喷发规模相对较小,但它对已经处于战时困境的意大利社会造成了进一步的压力。此次喷发中,熔岩流摧毁了多个村庄,并迫使美国空军基地进行紧急撤离。这场喷发事件也成为 20 世纪中期火山研究的重要案例。

维苏威火山的近现代喷发对当地居民的生活和经济产生了深远影响。20 世纪的几次喷发事件导致了数万人被迫撤离家园,村庄和农田的毁灭直接影响了当地的农业生产,许多农民失去了赖以生存的土地。尤其是 1944 年的喷发,导致那不勒斯周边地区的农业损失惨重,经济恢复花费了多年时间。

此外,火山喷发对旅游业也产生了双重影响。一方面,维苏威火山作为一个活火山吸引了全球游客的目光,成为意大利重要的旅游资源;但另一方面,频繁的火山活动和潜在的喷发风险也给当地的旅游业带来了不确定性。在每次喷发事件后,游客人数通常会大幅减少,这直接影响了当地经济收入。

总体而言,维苏威火山的历史和近现代喷发事件提醒我们,火山不仅是壮丽的自然奇观,同时也是潜在的巨大威胁。对于生活在火山周围的居民来说,如何应对和防范火山灾害是他们生活中的重要课题。

2. 火山灾害防治与现代监测技术

（1）维苏威火山的监测系统

维苏威火山监测系统是世界上最先进的火山监测网络之一。该系统由那不勒斯附近的维苏威火山观测站（Osservatorio Vesuviano）管理,观测站成立于1841年,是世界上最古老的火山观测站之一。如今,观测站使用多种现代技术对火山进行全天候监测,包括地震监测、地壳形变监测、气体排放监测以及遥感技术等。

地震监测是火山活动预测的关键。通过密集分布在火山周围的地震传感器,科学家可以实时监测地下岩浆的运动。地壳形变监测则依赖于全球定位系统（GPS）和倾斜仪,这些设备可以精确测量火山表面的微小变化,帮助预测火山喷发的可能性。此外,火山气体排放监测也是预测火山活动的重要手段,尤其是二氧化硫和二氧化碳等火山气体的浓度变化,往往预示着岩浆活动的增强。

通过这些技术手段,观测站可以实时收集和分析火山活动的数据,并将这些数据与历史喷发记录进行对比,从而提高预测的准确性。例如,观测站通过对地震活动和地壳形变的综合分析,成功预测了1944年维苏威火山的喷发,为当地政府提供了宝贵的预警时间。

基于监测数据的分析,维苏威火山观测站定期发布火山活动的预报信息。这些预报通常分为多个等级,从绿色（无活动）到红色（喷发即将发生）。当监测数据表明火山活动可能加剧时,观测站会提升预警等级,并向当地政府和公众发布预警信息。

预报信息的发布不仅限于火山喷发的可能性,还包括火山灰云的扩散路径、熔岩流的潜在流向以及火山碎屑流的风险区等。通过这些预报信息,政府可以提前规划应急疏散路线,确保居民在火山喷发前安全撤离。此外,观测站还与国际火山监测机构合作,共享数据和研究成果,以提高火山预报的准确性和可靠性。

（2）防治措施与灾害应对

预警与疏散是应对火山灾害的核心策略。在维苏威火山周围,政府建立了详细的应急疏散计划,这些计划包括疏散路线、交通工具的调配、疏散点的设置以及应急物资的储备等。当火山监测系统发出高风险预警时,政府将迅速启动疏散计划,确保居民能够在最短时间内撤离危险区域。

在疏散过程中,信息的及时传递至关重要。政府通过电视、广播、社交媒体和短信等多种渠道向公众发布疏散指令,并在关键路口和居民区设置疏散指示牌。疏散演练也是必不可少的,定期组织的应急演练让居民熟悉疏散流程,减少了在实际疏散过程中可能出现的混乱和延误。

为了长期应对维苏威火山的喷发威胁,当地政府制定了一系列防灾策略和区域规划。这些策略包括限制在火山危险区内的建筑活动,确保人口密集区远离火山口。此外,政府还投资建设了更加坚固的基础设施,如抗震建筑和防护堤坝,以减少火山喷发可能造成的破坏。

区域规划还涉及土地利用和农业活动的调整。在火山喷发的高风险区域,政府鼓励居民转向不依赖土地的经济活动,如旅游业和手工业,以减少因土地损失带来的经济打击。同时,政府还通过政策引导和经济支持,帮助农民转向风险较低的农业生产方式,如种植更耐火山灰污染的作物。

通过这些防治措施和现代监测技术,意大利政府和科学家们致力于降低维苏威火山喷发对当地居民的威胁。虽然火山灾害无法完全避免,但通过科学的防范和规划,我们可以最大程度地减少其带来的损失,保护人类生命和财产的安全。

 思考题

1. 龙卷风的形成通常与哪些气象条件相关?请结合实际案例分析热对流和风切变在龙卷风形成中的作用,以及这些因素如何影响龙卷风的强度和路径。

2. 美国龙卷风带为什么成为全球龙卷风频发地区?请探讨其特殊的地理和气候条件如何促成这一现象,并分析当地居民在应对龙卷风灾害时所采取的措施。

3. 震级和烈度是衡量地震威力的两个重要指标。请讨论二者之间的区别以及在实际防震减灾工作中的应用价值,结合具体案例分析震级与破坏程度之间的关系。

4. 唐山、汶川和玉树地震虽然发生在不同地区,但都造成了严重的损失。请比较这些地震在震源深度、震中位置和地质构造上的差异,并分析各地区在灾后重建中所面临的不同挑战。

5. 洪水的发生通常受到多种因素的共同影响。请分析降雨量、地形和人类活动如何相互作用,导致洪水灾害的发生,并讨论这些因素在不同地区洪水成因中的具体表现。

6. 1998 年长江洪水是中国历史上一次重大洪水灾害事件。请结合这一案例,探讨长江流域的地理和气候条件如何影响洪水的发生与演化,并分析当时防洪减灾措施的成效与不足。

7. 海啸与普通海浪有何不同?请从地震、海底火山爆发等角度分析海啸的形成机制,并讨论这些特征如何影响海啸波的传播速度和破坏力。

8. 2004 年印度尼西亚海啸是全球历史上损失最为惨重的海啸之一。请分析该海啸的成因及其广泛的影响,并探讨国际社会在应对这一灾难中的经验教训。

9. 不同类型的火山(如盾状火山、层状火山、裂隙喷发)在喷发形式上有何差异?请结合具体火山案例,分析这些喷发形式对周边环境和居民的不同影响。

10. 维苏威火山的喷发对古罗马文明产生了深远影响。请探讨这一火山的喷发历史及其构造背景,并分析古代与现代火山灾害防治措施的异同。

📖 推荐阅读书籍

1. 帕特里克,李昂,艾博特:《自然灾害与生活 原书第 9 版》,电子工业出版社, 2017.

2. 陆亚龙,肖功建:《气象灾害及其防御》,气象出版社,2001.

3. 谢宇:《龙卷风的防范与自救》,西安地图出版社,2010.

4. 许以平,马德华:《龙卷风》,气象出版社,1988.

5. 王美丽:《自然科学之谜大破译》,北京燕山出版社,2010.

6. 方洲:《地球神秘现象大全集》,华语教学出版社,2011.

7. 张培昌,朱君鉴,魏鸣:《龙卷形成原理与天气雷达探测》,气象出版社,2019.

8. 姚攀峰:《地震灾害对策》,中国建筑工业出版社,2009.

9. 马彩霞:《地震灾害及防震减灾对策》,宁夏人民出版社,2012.

10. 王茹:《土木工程防灾减灾学》,中国建材工业出版社,2008.

11. 兰州市地震局:《地震》,甘肃科学技术出版社,2008.

12. 郭增建,秦保燕:《地震成因和地震预报》,地震出版社,1991.

13. 李金镇,赵体群,陈志强:《地球颤抖》,山东科学技术出版社,2016.

14. 赵晓燕:《地震概论》,清华大学出版社,2013.

15. 中国科学院地球物理研究所:《地震学基础》,科学出版社,1976.

16. 李原园,文康,李蝶娟:《中国城市防洪减灾对策研究》,中国水利水电出版社,2017.

17. 国家科委国家计委国家经贸委自然灾害综合研究组,中国可持续发展研究会减灾专业委员会:《中国长江 1998 年大洪灾反思及 21 世纪防洪减灾对策》,海洋出版社,1998

18. 向立云:《洪涝灾害及防灾减灾对策》,中国水利水电出版社,2019.

19. 洪庆余:《长江防洪与'98 大洪水》,中国水利水电出版社,1999.

20. 齐浩然:《迷人的海洋与无情的海啸》,金盾出版社,2015.

21. 李慕南:《深入自然世界》,北方妇女儿童出版社,2019.

22. 辛洪富:《咆哮的蛟龙——海啸》,海洋出版社,2007.

23. 李克:《地质灾害》,未来出版社,2005.

24. 姜鹏:《海洋灾害》,青岛出版社,2019.

25. 魏柏林:《地震与海啸》,广东经济出版社,2011.

26. 吴南翔:《海洋灾害公众防御指南》,福建科学技术出版社,2015.

27. 刘若新,李霓:《火山与火山喷发》,地震出版社,2005.

28. 莱卡:《世界典型火山及喷发机制分析》,石油工业出版社,2008.

29. 刘若新:《中国的活火山》,地震出版社,2000.

30. 赵琳,王元波:《岩浆喷发》,山东科学技术出版社,2016.

第四章

人地关系

第一节　地球有难

一、全球变化背景下的人地关系紧张化

1. 全球变化的主要表现

（1）气候变化

气候变化已成为 21 世纪全球环境挑战的核心议题之一。自工业革命以来，由于温室气体的排放量迅速增加，地球表面温度显著上升。这种温度的升高不仅体现在全球平均温度的缓慢上升上，还表现为极端气候事件的频率和强度的增加。海平面上升、极端高温、暴雨和干旱等气候现象的频发，极大地威胁到生态系统的稳定性和人类的生存环境。

全球气温升高对生态系统和人类社会产生了深远影响。许多物种的栖息地受到破坏，导致生物多样性丧失。海洋酸化和珊瑚白化现象进一步加剧了海洋生态系统的脆弱性。此外，气候变化还影响了农业生产力，改变了作物的生长周期和区域分布，增加了粮食安全的风险。

（2）生态破坏

生态破坏是全球变化的另一个重要表现，尤其是森林砍伐和生物多样性丧失的加剧。随着人类对土地需求的增加，特别是农业扩张、城市化和工业发展，全球森林面积在过去几个世纪大幅减少。热带雨林的砍伐尤其严重，不仅破坏了碳吸收能力，还导

致了大量动植物物种的灭绝。

森林作为地球"绿色肺"的作用在不断减弱,这直接影响了全球碳循环和气候系统的稳定。此外,森林砍伐还导致水循环的中断,增加了土壤侵蚀的风险,进而加剧了气候变化和生态系统的不稳定性。生物多样性的丧失削弱了生态系统的适应力和恢复力,减少了自然界应对环境变化的能力,这种变化对生态平衡产生了深远的负面影响。

(3) 资源枯竭

全球资源的过度开发和不合理利用使得矿物资源和淡水资源面临枯竭的风险。随着人口增长和经济发展,对矿物资源的需求不断攀升,全球许多矿产资源已接近开采极限。这不仅带来了能源危机,还引发了矿区生态环境的严重破坏,造成了土地荒漠化、地质灾害频发等问题。

淡水资源的短缺问题也日益严峻。由于气候变化、人口增长和工业农业用水的增加,许多地区的淡水资源正面临严重的供需矛盾,人为活动造成的水资源污染加剧了淡水资源的短缺。河流、湖泊和地下水的过度开采导致水体干涸、水质下降,影响了生态系统的健康和人类的生活质量。特别是在干旱地区,淡水资源的短缺已成为限制当地经济社会发展的主要障碍。

2. 人类活动对地球生态系统的压力

(1) 工业化与污染

工业化是现代社会发展的重要标志,但同时也是环境污染的主要来源之一。随着工业生产规模的扩大,大量有害气体、废水和固体废弃物被排放到自然环境中,造成了严重的大气、水体和土壤污染。

大气污染主要源于工业燃烧和交通运输排放的温室气体和污染物,如二氧化碳、硫氧化物、氮氧化物和颗粒物等。这些污染物不仅对人类健康造成威胁,还导致了酸雨、雾霾等环境问题。水体污染则主要来自工业废水、农业径流和城市污水的排放,导致水体富营养化、鱼类资源枯竭以及水生态系统的破坏。土壤污染主要由工业废弃物和农药、化肥的过度使用引起,影响了农作物的生长和人类的健康。

(2) 城市化与土地利用

城市化进程的加快对土地资源造成了巨大的压力。城市建设、基础设施扩展以及工业园区的建立,往往以牺牲自然生态系统和农业用地为代价。大量自然土地被转化为城市用地,导致了土地资源的过度开发和利用。

这种不合理的土地利用方式不仅破坏了自然生态系统,还造成了城市热岛效应、水土流失、生态退化等一系列环境问题。此外,城市化还加剧了能源消耗和污染排放,进一步加重了全球环境的恶化。农村人口向城市的迁移也加剧了城市资源的短缺和环境压力,影响了社会的可持续发展。

（3）农业扩张与土壤退化

农业扩张是满足不断增长的人口需求的重要手段,但其带来的生态环境问题不容忽视。为了提高农业产量,化肥和农药的使用量大幅增加,导致土壤质量的严重下降。过量使用化肥会导致土壤酸化,破坏土壤的自然结构和肥力,进而影响农作物的生长和农业可持续发展。

农药的过度使用不仅会杀死害虫,还会对有益生物造成威胁,破坏生态平衡。此外,农药残留还可能通过食物链进入人体,危害人类健康。长期以来,农业扩张还导致了大片森林和湿地的消失,破坏了自然栖息地和生态系统,减少了生物多样性,增加了生态系统的脆弱性。

二、环境污染问题

1. 大气污染

（1）主要污染物及其来源

二氧化碳是一种主要的温室气体,对全球气候变化有着重要影响。它主要来源于化石燃料的燃烧,包括煤、石油和天然气等。此外,工业生产过程中的排放和森林砍伐也会增加大气中的二氧化碳浓度。二氧化碳的增加导致全球变暖,进而引发极端气候事件,如热浪、干旱和洪水等。

二氧化硫主要由燃烧含硫化石燃料(如煤和石油)产生。这些燃烧过程释放的二氧化硫在大气中与水蒸气结合,形成酸雨。酸雨不仅对建筑物和基础设施造成腐蚀,还对土壤和水体造成酸化,影响生态系统的平衡。

颗粒物包括悬浮在空气中的细小固体或液体微粒,分为 PM2.5(直径小于 2.5 微米)和 PM10(直径小于 10 微米)。PM2.5 和 PM10 的主要来源包括交通排放、工业排放、建筑施工和农业活动。颗粒物对环境的影响包括降低空气能见度和对植物生长的抑制,对人体健康的影响则主要表现在呼吸道和心血管系统的损害。

（2）大气污染对健康与环境的影响

雾霾是一种由大量细小颗粒物和其他污染物混合形成的雾状物质,常见于大城市和工业区。雾霾降低了空气质量和能见度,使人们的呼吸道容易受到刺激。长期暴露在雾霾环境中可能导致慢性支气管炎、哮喘和肺癌等健康问题。

酸雨是由二氧化硫和氮氧化物与大气中的水蒸气反应形成的酸性降水。酸雨对环境的影响极为深远,能够导致土壤酸化、湖泊和河流的酸化,破坏水生生物的生存环境。植物和建筑物也会因酸雨的侵蚀而受到损害。

大气污染中的颗粒物和有毒气体会直接影响人的呼吸系统。PM2.5能够深入肺部,引发或加重呼吸道疾病如支气管炎、哮喘和慢性阻塞性肺疾病(Chronic Obstructive Pulmonary Disease, COPD)。此外,长期接触污染空气还与心血管疾病、早亡风险的增加有关。

2. 水污染

(1) 水体污染的主要原因

工业废水是指工业生产过程中排放的废水,通常含有大量有害物质如重金属、化学品和有机污染物。如果这些废水未经处理直接排入水体,会导致水体污染,影响水质和水生生物的生存。常见的工业废水来源包括化工厂、冶金厂和制药厂等。

生活污水来源于家庭和商业活动,包括洗涤水、排泄物和厨房垃圾等。生活污水中含有大量有机物和营养物质,如氮和磷,这些物质通过水体进入河流、湖泊和地下水,导致水体富营养化,形成藻类繁殖现象,进一步影响水质和生态系统。

农业径流是指农田中使用的化肥、农药及畜禽粪便通过降雨或灌溉进入水体,造成水体污染。农业径流带来的氮、磷和农药残留会引发水体富营养化和藻类过度繁殖,影响水质和水生生物的生存。

(2) 水污染对生态系统与人类健康的危害

水体污染导致水质恶化,表现为水体颜色变暗、气味难闻和溶解氧减少。富营养化引发的藻类暴发会使水体变绿,并消耗大量氧气,导致鱼类和其他水生生物缺氧死亡。水质恶化还会影响水体的自净能力,增加处理难度。

水污染对水生生物的影响主要体现在生物死亡和生态系统失衡。污染物中的有毒物质会直接毒害鱼类、贝类和水生植物,导致它们的大量死亡。生物的减少会破坏生态链,影响整个水生态系统的稳定性和功能。

污染水体中可能含有致病性微生物,如细菌、病毒和寄生虫,这些微生物通过饮用水或接触水源传播疾病。常见的水传播疾病包括腹泻、霍乱和肝炎等,尤其在缺乏安全饮水设施的地区,疾病传播的风险更高。

3. 土壤污染

(1) 土壤污染的来源

农药的使用是导致土壤污染的重要原因。农药中的化学物质在土壤中积累,不易分解,可能对土壤中的微生物群落和植物根系产生毒害作用。过量使用农药不仅破坏了土壤结构,还可能导致地下水污染,进而影响人类健康。

重金属如铅、镉、汞等,通过工业排放、废弃物堆放和矿业活动进入土壤。重金属污染具有长期性和累积性,一旦进入土壤,难以分解,可能通过植物根系积累在食物链中,对人类健康造成威胁。

城市垃圾、工业废料和矿业尾矿等废弃物含有大量有害物质,如果处理不当,可能导致土壤污染。废弃物中的有害物质会渗透到土壤中,破坏土壤结构,影响土壤的肥力和植物的生长。

(2) 土壤污染对农业生产与生态环境的影响

土壤污染会破坏土壤的物理、化学和生物性质,导致土壤肥力下降。污染物的积累可能抑制土壤微生物的活动,降低土壤有机质含量,使土壤的水分保持能力和通气性变差,影响作物的生长和产量。

土壤中的重金属和农药残留会通过作物进入食物链,影响食品的安全性。重金属污染的食品可能导致健康问题,如慢性中毒、肾损伤和神经系统疾病。农药残留可能引发急性中毒和长期健康风险,对人类健康构成威胁。

三、资源短缺问题

1. 能源资源短缺

(1) 化石燃料的枯竭与能源危机

石油作为主要的能源来源之一,其开采和使用历史悠久。然而,石油资源是有限的,随着全球需求的不断增加,石油储量逐渐减少。特别是易开采的优质石油资源已经大多被开发殆尽,剩余的资源大多位于深海或极地地区,开采难度和成本大幅上升。此外,石油的过度使用还导致了严重的环境污染和气候变化问题。

天然气是一种相对清洁的化石燃料,但其储量也有限。虽然技术进步使得非常规天然气(如页岩气)的开采成为可能,但开采和运输成本依然较高。天然气的开采对环境的影响,包括水资源污染和地震风险,也是值得关注的问题。

煤炭是最丰富的化石燃料资源,但其开采和使用带来了严重的环境问题。煤炭的燃烧释放大量的二氧化碳、硫化物和颗粒物,对空气质量和全球气候造成负面影响。随着环保政策的推进和可再生能源的发展,煤炭的使用正在逐步减少,但其资源利用不当仍然是能源危机的重要表现之一。

(2) 能源资源短缺对社会经济发展的影响

能源资源的短缺导致了价格的持续上涨,给工业生产和日常生活带来了成本压力。能源价格的波动直接影响到生产成本和商品价格,从而对经济增长和社会稳定产生影响。高昂的能源成本可能导致企业利润下降,影响就业机会,增加社会不稳定因素。

能源资源的短缺也引发了能源安全问题。能源的供应中断或价格暴胀可能对国家安全和经济稳定构成威胁。为了应对能源安全风险,国家和地区需要采取多种措施,如提高能源效率、发展可再生能源、建立战略储备等,以确保能源供应的稳定性和安全性。

2. 水资源短缺

(1) 水资源的时空分布不均

干旱地区通常拥有极少的降水量,导致水资源的严重短缺。干旱不仅影响农业生产,还对居民的生活造成困扰。全球变暖加剧了干旱的频率和强度,使得水资源短缺问题更加严重。干旱地区常常面临水源枯竭、生态系统退化和人道主义危机等多重挑战。

洪涝灾害是另一种极端的水资源问题,其通常发生在降水量骤增的情况下。虽然洪涝暂时提供了大量的水资源,但过量的水量会导致严重的生态破坏、农田损失和基础设施损毁。洪涝灾害还会引发水质污染和疾病传播,对社区生活和经济发展造成长远的负面影响。

(2) 水资源短缺对农业、工业与生活的影响

水资源短缺对农业生产的影响尤为显著。水是作物生长的基本需求,水资源的不足直接导致农业产量的下降,影响粮食安全。在水资源匮乏的地区,农民需要采用节水技术或调整种植模式,但这些措施往往增加了农业生产的成本。

工业生产对水资源的需求也非常大,尤其是在制药、化工和纺织等行业。水资源的短缺可能导致生产中断、成本增加和企业竞争力下降。企业在水资源紧张的地区运作时,需要采取节水技术和回用措施,以确保生产的持续性和经济效益。

对个人生活而言,水资源的短缺意味着饮水困难和卫生条件恶化。缺乏足够的清洁水源会导致健康问题,如水传播疾病的传播风险增加。此外,水资源的紧张也会引发社会冲突,特别是在水资源争夺激烈的地区。

3. 生物资源短缺

(1) 过度捕捞与森林砍伐

过度捕捞是指超出可持续范围的渔业捕捞活动,导致鱼类资源的衰竭和渔业生态系统的失衡。过度捕捞不仅影响鱼类种群的恢复能力,还对海洋生态系统造成了破坏。鱼

类资源的减少可能引发经济问题,影响依赖渔业为生的社区的生计和食品供应。

森林砍伐是指由于农业扩张、城市发展和木材需求等原因,导致森林覆盖率下降。森林砍伐不仅减少了碳汇功能,增加了温室气体排放,还破坏了栖息地,威胁到许多物种的生存。森林的减少还影响水循环和土壤质量,进而影响生态系统的功能和服务。

(2) 生物资源短缺对生态系统的影响

生物资源的短缺导致生物多样性的减少。生物多样性是生态系统健康和稳定的基础,生物多样性的丧失会使生态系统变得脆弱,对环境变化和灾害的适应能力下降。生物多样性的减少还影响生态系统提供的服务,如授粉、水质净化和土壤肥力等。

生物资源短缺还会破坏生态平衡,导致生态系统功能的丧失。例如,捕捞过度可能导致食物链的断裂,影响捕食者和猎物之间的关系,进而影响整个生态系统的稳定性。森林砍伐同样破坏了生态平衡,影响了生物的栖息环境和生态过程。

第二节　全球变暖与海平面上升

一、全球变暖的形成原因

1. 温室气体的排放

(1) 二氧化碳排放的主要来源

化石燃料的燃烧是二氧化碳排放的主要来源。工业革命以来,化石燃料如煤、石油和天然气的使用迅速增加,以满足工业化进程中的能源需求。无论是在发电厂、交通运输还是工业生产中,燃烧化石燃料都会产生大量二氧化碳。例如,火力发电厂每年排放的二氧化碳占全球总排放量的相当大一部分。而汽车和其他交通工具的尾气排放,也显著增加了大气中的二氧化碳浓度。

森林砍伐也是二氧化碳排放的一个重要来源。森林在地球碳循环中起着至关重要的作用,是主要的碳汇。通过光合作用,森林能够吸收二氧化碳,减少大气中的二氧化碳浓度。然而,由于人类对土地的需求增加,特别是在农业扩张、城市发展和木材生产等方面,全球森林面积正在迅速减少。森林砍伐不仅削弱了森林作为碳汇的功能,还通过燃烧和木材分解将大量的二氧化碳释放到大气中,进一步加剧了全球变暖。

(2) 甲烷与其他温室气体的来源

农业活动是甲烷排放的重要来源,尤其是在水稻种植和牲畜养殖中,甲烷的排放尤为显著。在水稻田中,由于田地长期淹水,产生了厌氧环境,微生物在此环境中分解有机物时会释放大量甲烷。此外,牛等反刍动物在消化过程中,会通过胃中的厌氧细菌发酵纤维质,从而产生并排放甲烷。由于甲烷的全球变暖潜力是二氧化碳的2 834倍,即使其在大气中的浓度较低,也会对全球变暖产生显著影响。

垃圾填埋和废物处理也是甲烷的重要来源。在垃圾填埋场,由于有机废物在厌氧条件下分解,会产生甲烷。如果这些气体未能被捕获和处理,它们将直接排放到大气中。此外,污水处理过程中有机物质的分解也会产生甲烷和其他温室气体,这些排放若未得到有效管理,同样会加剧全球变暖。

工业过程中,一些人造的温室气体,如氟氯化碳(CFCs)、氧化亚氮(N_2O),也对全球变暖有显著影响。氟氯化碳曾被广泛用于制冷剂、发泡剂等工业产品中,尽管其浓度在大气中相对较低,但其全球变暖潜力非常高。虽然自蒙特利尔议定书以来,全球范围内已经逐步限制和淘汰了氟氯化碳的使用,但其对气候的影响依然存在。氧化亚氮主要来源于农业施肥和化肥生产,其温室效应是二氧化碳的298倍,因此也对全球气温的上升起到了重要作用。

2. 温室效应的机制

(1) 温室气体的作用原理

地球表面接收到来自太阳的短波辐射后,将其转换为热能,并以长波辐射(红外辐射)的形式释放到大气中。然而,大气中的温室气体,如二氧化碳、甲烷和水蒸气,能够吸收这些红外辐射。温室气体在吸收能量后,不仅会升温,还会再辐射一部分热量回到地球表面和大气层中。这种再辐射的过程使得热量在地球大气中滞留,无法完全散失到太空,从而导致地表温度的升高。

在没有温室气体的情况下,地球的大气层会处于辐射平衡状态,即地球吸收的太阳辐射与向外释放的红外辐射相等。然而,随着温室气体浓度的增加,更多的热量被困在大气层中,打破了这一平衡,导致地表温度逐渐升高。温室效应是自然存在的现象,对地球生命至关重要,但由于人类活动增加了大气中温室气体的浓度,这一效应被显著增强,进而引发全球变暖。

(2) 温室效应的增强对地球气候的影响

温室效应的增强对全球气候产生了深远的影响。最直接的后果是全球平均气温的上升。自工业革命以来,全球气温已上升了约1.1摄氏度,科学家预计,如果温室气体排放持续增加,到21世纪末,全球气温可能上升1.5至2摄氏度甚至更高。

气温升高对全球气候系统的影响是多方面的。首先,全球变暖导致了海洋温度的上升,进而影响了海洋环流和气候模式。海洋吸收了全球变暖造成的大部分额外热量,这不仅导致海洋表面温度上升,还引发了海水热膨胀,进而导致海平面上升。

其次,全球变暖对极地冰盖和冰川的影响尤为明显。温度升高导致冰川加速融化,进一步增加了海平面的上升。此外,冰川和冰盖的融化还减少了地球表面的反射率(即"冰川反照率"),这意味着更多的太阳辐射被地表吸收,从而进一步加剧了全球变暖的趋势。

全球变暖还改变了气候模式,导致极端气候事件的频率和强度增加。例如,全球范围内热浪、暴雨、干旱等极端天气事件的发生频率显著增加。极端天气不仅直接威胁人类生命和财产安全,还对农业生产、水资源管理和生态系统的稳定性产生了深远影响。

此外,全球变暖还影响了生态系统的平衡。气温的变化使得许多生物物种的栖息地范围发生了变化,进而影响了物种的分布和生存。一些物种可能因为气候变化而无法适应新环境,从而面临灭绝的风险。这不仅影响了生物多样性,还可能破坏生态系统的稳定性,进而影响生态服务功能,如食物供应、水资源净化等。

全球变暖是由多种因素共同作用的结果,温室气体的排放和温室效应的增强是其主要驱动因素。化石燃料的燃烧、森林砍伐、农业活动和工业过程等人类活动,显著增加了大气中的温室气体浓度,打破了地球的辐射平衡,导致全球气温持续上升。温室效应的增强对地球气候系统产生了深远影响,导致极端天气事件频发、海平面上升、生物多样性减少等一系列问题。要应对全球变暖的挑战,人类需要采取更为积极的减排措施,并加强对气候变化的适应和应对能力,以保护地球生态系统的稳定和人类社会的可持续发展。

二、海平面上升的影响

1. 海平面上升的原因

(1) 冰川与冰盖的融化

格陵兰冰盖是世界上第二大冰盖,覆盖面积约为 171 万平方千米,储存了全球约 7% 的淡水资源。近年来,由于全球变暖,格陵兰冰盖的融化速度加快。据科学研究,格陵兰冰盖的融化每年为海平面上升贡献了约 0.7 毫米。冰盖的融化不仅使海平面直接上升,还会通过改变区域的气候模式,进一步加速其他冰川的融化。

南极洲拥有地球上最大的冰盖,覆盖面积超过 1 400 万平方千米。如果南极冰盖完全融化,全球海平面将上升约 60 米。尽管南极的冰盖融化速度相对较慢,但近年来一些特定区域,如西南极冰原的融化速度显著加快。这一过程不仅对全球海平面上升有直接影响,还可能引发区域性气候变化,进一步加剧全球变暖的进程。

(2) 海水热膨胀

热膨胀是海平面上升的另一个重要原因。随着地球气候变暖,海洋吸收了大部分多余的热量。温度升高导致海水膨胀,即海水体积增加,从而推高了海平面。研究显示,自工业革命以来,海水热膨胀已经导致了全球海平面约 0.3 至 0.6 米的上升。虽然这一过程较为缓慢,但其长期影响不容忽视,尤其是对那些低洼的沿海地区而言,海水热膨胀对海平面上升的贡献十分显著。

2. 海平面上升对沿海地区的影响

(1) 海岸侵蚀与土地淹没

海平面上升会导致海岸线的逐渐后退,侵蚀海岸带的土地。随着海水不断侵蚀海岸,原本稳定的沙滩和海岸线会逐渐消失,导致沿海居民区和基础设施面临损毁的风险。这一过程对沿海地区的生态系统也造成了破坏,如红树林、海草床和珊瑚礁等重要的海洋生态系统逐渐消失,影响了生物多样性和海洋生态平衡。

海平面上升最直接的后果是低洼沿海地区的土地被淹没。全球许多沿海城市,如孟加拉国的达卡、越南的胡志明市和美国的迈阿密等,都面临着土地被海水淹没的威胁。低洼地区的农业用地和居民区将遭受洪水侵袭,导致生产和生活条件恶化。此外,这些地区的基础设施,如道路、港口和排水系统,也将受到严重影响,进一步加剧当地的经济损失和社会不稳定。

(2) 盐水入侵与淡水资源危机

随着海平面上升,沿海地区的地下水层容易受到盐水入侵的影响,导致地下水咸化。这一过程对依赖地下水为主要水源的沿海社区和农业生产构成了严重威胁。地下水咸化不仅影响了居民的饮用水质量,还对农业灌溉产生了不利影响,导致农作物减产和土壤盐碱化。

盐水入侵使得农业用水的获取变得更加困难,影响了农作物的生长和收成。许多沿海地区的农业生产高度依赖于地下水资源,一旦地下水被盐化,农民将面临用水紧张的问题。这不仅影响了粮食生产,还对粮食安全构成了威胁。此外,盐水入侵还可能导致土壤盐碱化,使得土地生产力下降,进一步加剧了粮食短缺的风险。

(3) 气候难民与社会经济冲击

海平面上升引发的土地淹没和资源短缺问题可能导致大规模的人口迁移,形成所谓的"气候难民"。沿海地区居民被迫迁往内陆,导致城市人口压力增加和资源分配紧张。此外,气候难民的增加也可能引发社会冲突,尤其是在资源匮乏的地区,迁移带来的竞争和紧张局势可能加剧社会不稳定。

沿海地区的基础设施,如港口、机场、道路和能源设施,面临着海平面上升的威胁。这些设施的损毁不仅影响了当地经济的发展,还对全球贸易和物流产生了广泛影响。例如,港口的淹没可能导致海运中断,影响全球供应链和经济活动。此外,沿海城市的防洪系统也面临巨大挑战,需要投入大量资源进行维护和升级。

海平面上升带来的经济损失是显而易见的。首先,沿海地区的土地和房产价值会因土地被淹没和海岸侵蚀而下降。其次,农业、渔业和旅游业等依赖沿海资源的产业也将受到严重打击,导致失业率上升和经济增长放缓。最后,政府和企业将不得不投入大量资金用于应对海平面上升的后果,如防洪工程、基础设施重建和人口迁移等,这些成本将对国家和地方经济造成沉重负担。

海平面上升是全球变暖带来的严重环境问题,其成因主要包括冰川与冰盖的融化和海水的热膨胀。海平面上升对沿海地区的影响是广泛而深远的,涉及海岸侵蚀、土地淹没、盐水入侵以及由此引发的社会经济冲击。面对这一全球性挑战,各国政府和国际社会需要加强合作,采取有效的减缓和适应措施,以减少海平面上升对生态环境和人类社会的负面影响。

三、全球变暖与海平面上升的防治对策

全球变暖和海平面上升已经成为当代社会无法忽视的重大环境问题,对全球生态系统、经济发展以及人类生活方式构成了巨大的挑战。为应对这些问题,国际社会采取了多种防治对策,主要分为减缓措施和适应措施。减缓措施的核心在于减少温室气体的排放,减缓气候变暖的速度,从根本上控制海平面上升的趋势。而适应措施则侧重于增强沿海地区的抗灾能力,以应对已经不可避免的气候变化及其影响。

1. 减缓措施

(1) 减少温室气体排放:能源结构调整、提高能源效率

温室气体,特别是二氧化碳,是导致全球变暖的主要原因之一。减少温室气体排放是减缓全球变暖速度、控制海平面上升的重要途径。为了实现这一目标,各国政府和国际组织正在采取多种策略,包括调整能源结构和提高能源效率。

当前,全球能源供应仍然依赖于化石燃料,如煤炭、石油和天然气。这些能源在燃烧过程中会产生大量二氧化碳,导致温室效应加剧。为了减少温室气体排放,各国正努力推动能源结构的调整,逐步减少对化石燃料的依赖,增加可再生能源的比重。风能、太阳能、水力发电以及地热能等可再生能源在全球能源市场中的占比逐年上升。可再生能源的广泛应用不仅能有效减少二氧化碳排放,还能带动相关产业的发展,促进经济绿色转型。此外,一些国家正在探索核能的利用。尽管核能在安全性和废料处理方面仍存在争议,但它在减少温室气体排放方面具有显著优势。通过推动能源结构调整,实现能源供应的多元化和低碳化,将有助于大幅降低温室气体排放,进而减缓全球变暖。

提高能源利用效率是减少温室气体排放的另一重要途径。能源效率的提高意味

着在生产和生活中用更少的能源完成相同的工作量,从而减少能源消耗和二氧化碳排放。各国政府和企业通过技术创新、政策引导以及公众宣传等多种手段,推动能源效率的提升。

在工业领域,现代化生产设备的引进和流程优化显著提高了能源利用效率,减少了生产过程中的能源浪费。例如,钢铁、化工和水泥等高能耗产业通过技术升级实现了生产过程的绿色化,降低了二氧化碳的排放量。在建筑领域,绿色建筑设计和节能技术的推广应用也在逐步普及。高效的供热、通风和空调系统,以及节能型建筑材料的使用,使建筑物的能源消耗大幅减少。

交通领域的低碳化转型也是提高能源效率的重要组成部分。电动汽车、混合动力汽车以及公共交通系统的优化设计,正逐步替代传统的燃油汽车,减少了交通运输领域的碳排放。与此同时,智能电网技术的应用,使能源供应更加高效和灵活,为实现能源的可持续利用提供了保障。

通过能源结构调整和提高能源效率,全球温室气体排放有望得到有效控制,从而减缓全球变暖的速度。这不仅有助于控制海平面上升,还能为全球应对气候变化奠定坚实的基础。

(2) 森林保护与碳汇增加:植树造林、湿地保护

森林和湿地是地球上重要的碳汇系统,它们通过光合作用吸收二氧化碳,并将其转化为生物质存储在植物体内和土壤中。保护和恢复这些自然生态系统,是应对气候变化、减缓全球变暖的重要手段。

植树造林不仅可以增加森林面积,还能提高碳汇能力,从而减少大气中的二氧化碳含量。近年来,全球许多国家都启动了大规模的植树造林项目,以应对气候变化。例如,中国的大规模植树造林,防止土地荒漠化,增强生态系统的碳汇能力。印度、巴西和非洲部分国家也在实施类似的植树造林计划,致力于恢复和扩展森林覆盖面积。

此外,城市绿化也是增强碳汇能力的重要手段。通过增加城市中的绿地、树木和园林,城市可以在应对气候变化方面发挥积极作用。这不仅能改善空气质量,还能通过减少城市热岛效应,缓解城市环境中的极端温度变化。

湿地被誉为"地球之肾",是调节气候、维持生物多样性和提供生态服务的重要生态系统。湿地的泥炭地、沼泽、河口和红树林等区域拥有极高的碳储存能力,它们能够长期稳定地存储大量的二氧化碳。然而,由于人类活动的干扰和气候变化的影响,全球湿地面积正在迅速减少,这对全球碳汇能力构成了严重威胁。

为了保护湿地,各国纷纷出台法律和政策,严格限制湿地的开发和利用。例如,美国的《湿地保护法》对湿地开发进行了严格的审批管理,并通过经济激励手段鼓励湿地的保护和恢复。与此同时,湿地的修复和恢复项目也在全球范围内开展,旨在通过恢复湿地的自然功能,增强其碳汇能力。

2. 适应措施

(1) 沿海地区的防洪与防潮工程:海堤建设、堤坝加固

随着海平面不断上升,沿海地区面临的洪水和风暴潮风险日益增加。为了保护沿海居民、基础设施和生态系统,各国政府和地方管理机构正在采取多种适应措施,重点之一是加强防洪和防潮工程建设。

海堤是抵御海水入侵和风暴潮的主要工程措施之一。通过在沿海地区建设高大、坚固的海堤,可以有效阻挡海水的涌入,保护内陆地区免受洪水威胁。例如,荷兰作为一个低洼国家,长期以来面临着海平面上升和洪水威胁。为此,荷兰建立了世界上最为完善的防洪体系,其中包括全长数千千米的海堤、河堤和防潮闸,成功保护了大量土地免遭海水侵蚀。

然而,海堤建设并非没有挑战。首先,随着海平面不断上升,海堤的高度和坚固性需要不断提升,这对工程技术和资金投入提出了更高要求。其次,海堤建设可能会影响沿海生态系统,阻隔海洋与陆地之间的自然交换,导致生态系统退化。因此,在设计和建设海堤时,必须充分考虑生态因素,采取生态友好的工程设计,如建设"软"海堤,使用天然材料并植入植被,以减少对生态环境的负面影响。

除了新建海堤,现有堤坝的加固也是适应海平面上升的重要措施之一。堤坝加固通常包括提升堤坝高度、增强堤坝结构稳定性以及修复损坏的堤坝部分等。这些措施可以有效提高堤坝的抗洪能力,减少洪水对沿海地区的威胁。例如,美国路易斯安那州的新奥尔良在 2005 年卡特里娜飓风袭击后,进行了大规模的堤坝加固工程。通过提升堤坝高度和采用先进的工程材料,新奥尔良的堤坝系统得到了显著加强,减少了该地区在未来风暴潮中的脆弱性。

(2) 国土空间规划与人口迁移

有效的国土空间规划是减少海平面上升影响的关键措施。规划过程中,需要根据科学数据和预测模型对风险区域进行识别,并实施严格的土地利用限制,以避免在高风险区域进行建设。具体措施包括高风险区域的划定和监管、提高建筑规范和标准和开发沿海绿色基础设施等。高风险区域的划定和监管利用地理信息系统(GIS)和气候模型预测海平面上升的影响范围,确定哪些地区在未来可能遭受海水侵袭。对这些高风险区域施加建设限制,防止新建房屋、基础设施及商业设施等。在高风险区域内,建筑物需要符合抗洪水和抗风暴潮的标准。例如,提高建筑物的基础高度,使用防水材料,以及设计有效的排水系统,都是减少灾害风险的有效措施。绿色基础设施,如湿地、红树林和海草床,可以有效减缓海浪侵袭和洪水风险。通过恢复和保护这些自然系统,可以为沿海地区提供天然的防护屏障,减少海平面上升对人类社会的影响。

由于海平面上升导致的土地淹没和基础设施损坏,某些区域可能会变得不适合居

住。有效的人口迁移策略和社会整合措施是减轻海平面上升负面影响的必要手段。在高风险区域内,政府应制定详细的人口迁移计划,为居民提供迁移支持和补偿。迁移计划应包括提供安置住房、就业机会和社会服务,确保迁移过程的顺利进行。对于迁移到新地区的居民,政府和社会组织需要提供必要的支持,以帮助他们融入新环境。这包括提供语言培训、文化适应教育、心理支持和社会服务等,帮助迁移人员顺利过渡到新的生活条件。为了应对可能出现的人口迁移高峰,政府应建立和优化迁移支持机制,包括加强与地方社区、企业和非政府组织的合作,确保资源和服务的及时供应。

第三节 生物入侵与防治对策

一、生物入侵的危害

1. 生态系统的破坏

(1) 本土物种的竞争劣势

生物入侵对本土生态系统的破坏,主要体现在对本土物种的竞争劣势上。入侵物种常常具备较强的适应能力和繁殖能力,使其能够迅速占据生态位,排挤本土物种。这种竞争劣势表现为以下几个方面:一是栖息地丧失。入侵物种通过占据本土物种的栖息地,导致本土物种失去栖息环境。例如,外来植物如加拿大一枝黄花(Solidago canadensis)能在湿地、草原等生态系统中迅速扩展,抑制本土植物的生长。这不仅导致本土植物的减少,还间接影响依赖这些植物的动物种群。由于这些外来植物的根系密集,可以改变土壤结构,影响水分和养分的可用性,从而进一步影响本土植物的生长条件。二是资源争夺。入侵物种通过竞争食物、空间和其他资源,导致本土物种的资源获取受到限制。例如,外来鱼类如黑鲈(Micropterus salmoides)在湖泊和河流中对本土鱼类的食物资源进行竞争,使得本土鱼类的食物链被破坏。黑鲈不仅直接捕食本土鱼类,还通过与它们争夺底栖无脊椎动物等食物来源,造成本土鱼类种群的衰退。类似地,外来昆虫如小麦刺蛾(Ostrinia nubilalis)通过对农作物的取食,减少了本土昆虫的栖息环境,影响了生态系统的平衡。

(2) 生物多样性的减少

生物入侵对生态系统的另一个重要影响是生物多样性的减少。这种减少主要体现在以下两个方面:一是物种灭绝。入侵物种通过直接捕食、竞争或其他方式导致本土物种的灭绝。例如,外来捕食者如狼獾(Gulo gulo)在某些地区引入后,对本土的小型哺乳动物和鸟类造成严重威胁。狼獾的捕食行为会使本土物种的种群数量急剧减少,甚至在某些情况下直接导致本土物种的灭绝。此外,某些入侵物种还可能通过传播疾病,进一步威胁本土物种的生存。二是遗传资源的丧失。入侵物种的扩散还可能导致遗传资源的丧失。由于入侵物种的竞争和替代作用,本土物种的遗传多样性可能受到威胁,使这些物种在面对环境变化或疾病时缺乏适应能力。例如,外来植物如银柴胡(Ailanthus altissima)的入侵可能导致本土植物基因库的丧失,减少了植物群落的遗传多样性。这不仅影响了植物群落的结构和功能,还可能对依赖这些植物的动物种群产生连锁反应。

2. 农业与经济的影响

(1) 入侵物种对农业生产的危害

入侵物种对农业生产的影响非常显著,主要体现在以下几个方面:一是农作物病害。外来植物和昆虫常常带来新的病害,影响农作物的生长和产量。例如,小麦的入侵病害如小麦黄萎病(Fusarium graminearum)会导致小麦产量下降,影响农民的收入和粮食供应。黄萎病会使小麦植株的根部受损,从而影响其对水分和养分的吸收,导致小麦生长缓慢,产量减少。这种病害的入侵通常需要新的防治措施和农药投入,从而增加了农业生产的成本。二是产量下降。入侵物种对农作物的侵害可能导致产量显著下降。例如,外来杂草如多刺豚草(Xanthium strumarium)会与农作物争夺水分和养分,导致农作物生长缓慢,产量减少。多刺豚草通过其强大的根系竞争土壤中的水分和养分,同时还可能通过其花粉影响作物的授粉,进一步减少产量。对这些外来杂草的控制需要大量的除草剂和物理清除工作,从而增加了农业生产的经济负担。

(2) 经济损失与防治成本

生物入侵带来的经济损失和防治成本是巨大的。入侵物种对农业、林业、渔业等产业造成的损失,直接影响经济发展。例如,美国南部的红火蚁(Solenopsis invicta)入侵导致了巨大的经济损失,除了影响农业生产外,还增加了医疗和控制成本。红火蚁的入侵不仅对农作物造成损害,还会对人类健康产生影响,如引发严重的过敏反应和毒蚁咬伤,这些都需要额外的医疗费用。

防治入侵物种需要投入大量的资源,包括物资、人员和技术。防治措施如化学药剂的使用、物理清除以及生物控制等都需要高昂的成本。例如,控制外来植物如罗汉松(Cupressus lusitanica)的入侵,通常需要长期的监测和管理,这无疑增加了农业和生态管理的费用。化学药剂的使用不仅需要采购和施用,还需要进行环境监测以确保其对非目标生物的影响最小化。

3. 公共健康的威胁

（1）入侵物种传播疾病

某些入侵物种对公共健康构成直接威胁，它们能够传播多种疾病。埃及伊蚊（Aedes aegypti）是登革热的主要传播媒介。其入侵新的区域，可能引发登革热疫情，对人类健康造成严重威胁。埃及伊蚊在新环境中迅速繁殖，并通过叮咬传播病毒，增加了公共卫生系统的压力。控制这种蚊子的入侵需要采取综合措施，如使用杀虫剂、清除积水和增强社区防控意识。寨卡病毒由伊蚊传播，它的入侵和扩散可能导致孕妇感染，从而对胎儿造成发育异常。入侵蚊子的传播能力使得这种病毒在新环境中迅速传播，增加了公共健康风险。寨卡病毒的传播不仅威胁到孕妇的健康，还可能导致婴儿出生缺陷，如小头症。这需要全球范围内的监测和防控措施，以遏制病毒的传播和影响。

（2）入侵植物对人类健康的影响

某些入侵植物不仅对生态系统造成威胁，还可能对人类健康产生不良影响，如过敏原和毒性物质。入侵植物如紫花地丁（Viola odorata）的花粉可能成为强过敏原，引发过敏反应，如呼吸道过敏和皮肤过敏。这些植物的扩散可能增加对过敏疾病的发病率。花粉过敏的增加不仅影响个人健康，还可能对公共健康系统造成压力，需要采取适当的过敏控制措施和药物治疗。一些入侵植物如夹竹桃（Nerium oleander）含有毒性物质，可能对人类健康产生直接威胁。误食这些植物或接触其毒素，可能导致中毒甚至死亡。夹竹桃的毒性不仅对人类构成威胁，也可能对家畜和野生动物产生影响。因此，防止这些植物的扩散和增强公众对其危险性的认识非常重要。

生物入侵对生态系统、农业经济以及公共健康的危害是广泛而深远的。入侵物种通过破坏栖息地、资源竞争、引发病害、降低生物多样性等方式，对环境和社会造成了严重影响。同时，生物入侵还带来了巨大的经济损失和公共健康风险。因此，面对这一全球性挑战，我们需要采取综合性的防治对策，包括加强入侵物种的监测与管理、实施有效的控制措施、增强公众意识以及推动国际合作。只有通过多方面的努力，才能有效遏制生物入侵对生态系统和社会的负面影响，保护全球的生态安全与公共健康。

二、生物入侵的形成机制

1. 全球化与物种传播

（1）国际贸易与交通的推动

国际贸易和交通的发展极大地促进了物种的跨境传播。在现代全球化背景下，货物、人员和物品的频繁跨国流动为物种的无意传播创造了前所未有的机会。物流和运输工具,如船只、飞机和卡车,成为入侵物种的"运输工具",带动其从原产地传播到新的生态环境中。

船舶在装卸货物时,为了保持平衡,通常会在一个港口吸入海水并在另一个港口排出,这一过程中无意间携带了大量的海洋生物。研究表明,许多入侵海洋生物是通过压舱水传播到新的海域的。例如,亚洲鲤鱼(Hypophthalmichthys spp.)就是通过船舶压舱水进入美国的大湖区,迅速扩散并威胁到本土鱼类种群。

国际贸易中的货物包装和木材运输也常常携带入侵物种。某些昆虫如松材线虫(Bursaphelenchus xylophilus)通过木材制品传播到新地区,造成了严重的森林损害。此外,某些害虫和杂草种子可能隐藏在农产品、建筑材料或工业设备中,随着这些货物跨境运输而扩散。例如,红火蚁(Solenopsis invicta)通过货物运输进入美国南部,迅速扩散并对农业和生态系统造成巨大损害。

现代航空运输的快速发展进一步加快了物种的全球传播。飞机在跨国航行时,无意中携带了各种昆虫、植物种子或微生物,促成了入侵物种的跨大陆传播。例如,某些外来蚊子如埃及伊蚊(Aedes aegypti)就通过航空运输进入新的地区,成为登革热等疾病的传播媒介,严重威胁公共健康。

这些无意引入的物种往往在新环境中找到适宜的生存条件,迅速繁殖和扩展,成为入侵物种。由于这些传播方式的隐蔽性和难以预见性,给控制工作带来了巨大挑战。传统的防控措施难以应对这些快速传播的入侵物种,迫切需要全球范围内的合作和更为有效的监测与管理手段。

(2)气候变化对物种分布的影响

气候变化是另一个显著影响物种分布和入侵的全球性因素。随着全球气温上升、降水模式改变和极端天气事件频发,许多物种的栖息地发生了显著变化。这种变化不仅影响了本土物种的生存,也为入侵物种的扩展提供了新的机会。

由于全球变暖,某些物种的栖息地逐渐向北迁移,寻找更适宜的气候条件。例如,一些热带鱼类和昆虫在北美和欧洲的温带地区定居,威胁当地的生态平衡。研究表明,随着气候变暖,某些热带和亚热带植物也在向北扩展,如小麦刺蛾(Ostrinia nubilalis)在北美地区的扩散速度明显加快,对农业生产造成了威胁。

在山地生态系统中,气温上升导致物种向更高海拔地区迁移,这些地区原本可能不适合入侵物种生存,但气候变化为其扩展提供了有利条件。例如,某些植物如南美洲的安第斯花(Espeletia spp.)在全球变暖的影响下,逐渐向高海拔地区扩展,影响了当地的生态系统结构。

随着气候条件的变化,某些物种表现出对新气候的适应能力,成为潜在的入侵者。这些物种可能在原产地表现平庸,但在新的气候条件下,往往展现出强大的竞争力和适应性。例如,某些外来植物如黄金菊(Solidago canadensis)在原产地仅占据小范围栖息地,但在北美和欧洲的变暖气候条件下,迅速扩展并占据了大片土地,威胁到本土植物的生存。

2. 入侵物种的适应与扩展

（1）入侵物种的生物学特性

入侵物种通常表现出极强的繁殖能力,这使得它们能够迅速建立并扩展种群规模,成为当地生态系统中的优势物种。繁殖能力的强弱直接决定了入侵物种的扩展速度和影响范围。许多入侵物种具有较高的繁殖率,能够在短时间内产生大量后代。例如,亚洲鲤鱼每年能够产下数百万颗卵,这使得其种群能够迅速扩展,占据新的水域。此外,某些植物如紫茎泽兰（Chromolaena odorata）也具有强大的繁殖能力,通过产生大量的种子和无性繁殖体,迅速扩展并形成单一物种的大片植被,抑制了本土植物的生长。

入侵物种通常表现出较早的成熟和多次繁殖的特点,这使得其能够在短时间内产生多代后代。例如,某些入侵昆虫如日本甲虫（Popillia japonica）能够在短短几个月内完成多个生命周期,迅速扩展种群规模,对农业和生态系统造成破坏。类似地,入侵鱼类如尼罗罗非鱼（Oreochromis niloticus）也表现出高繁殖能力,成为淡水湖泊中的主要竞争者,威胁到本土鱼类的生存。

入侵物种通常具有广泛的食性,使其能够在多种环境中生存,并对不同的食物资源加以利用。这种食性广泛的特性使得入侵物种在新的环境中更容易适应和扩展。入侵物种通常能够利用多种食物来源,这使得它们在新的环境中不易受到食物匮乏的限制。例如,黑鲈是一种典型的广食性鱼类,能够捕食多种水生生物,从小型鱼类到无脊椎动物,甚至鸟类的幼崽,这使得其在新环境中能够迅速占据食物链的顶端。此外,某些入侵昆虫如东方蝗虫（Locusta migratoria）也表现出广泛的食性,能够取食多种植物,使得其在农业区迅速扩散,造成大规模农作物损失。

入侵物种通常能够适应多种环境条件,使其能够在不同的生态系统中生存。例如,入侵植物如紫茎泽兰能够适应从热带到温带的多种气候条件,并能够在不同的土壤类型中生长,这使得其在全球范围内成为一种高度入侵性的植物。类似地,某些入侵哺乳动物如灰松鼠（Sciurus carolinensis）也表现出广泛的环境适应能力,能够在城市、公园、森林等多种栖息地中生存,并迅速扩展种群规模。

（2）本土生态系统的脆弱性

入侵物种在新的环境中往往缺乏天然的天敌,这使得其能够迅速扩展而不受制约。在本土环境中,物种之间通常存在复杂的生态关系,天敌和猎物之间的平衡限制了某一物种的过度繁殖。然而,当入侵物种进入新环境时,缺乏相应的天敌,使其能够肆无忌惮地繁殖和扩展。例如,在澳大利亚,甘蔗蟾蜍（Rhinella marina）作为一种入侵物种,由于缺乏天然天敌,在短时间内迅速扩散,占据了大部分湿地和农业区,对本土物种造成了严重威胁。甘蔗蟾蜍的毒性使得许多捕食者无法将其作为食物来源,这进一步加剧了其种群的扩展。此外,在美国,亚洲鲤鱼由于缺乏有效的天敌,其种群在大湖区迅速扩展,威胁到本土鱼类的生存。

本土生态系统在面对环境压力时可能表现出脆弱性,特别是在入侵物种的冲击下。这些环境压力包括气候变化、土地利用变化、污染等,这些因素可能削弱本土物种的竞争力,使得入侵物种更容易占据优势。某些农业区由于过度使用化肥和农药,导致土壤退化和生态系统的平衡被打破,这为入侵植物如紫茎泽兰的扩展创造了条件。退化的环境使得本土植物难以生存,而入侵植物则利用这一机会迅速扩展。此外,气候变化引发的极端天气事件,如干旱和洪水,也可能使本土生态系统面临更大的压力,使得入侵物种更容易扩展。例如,在美国西部的草原地区,由于长期干旱,本土植物生长受到限制,而入侵植物如麦草(Bromus tectorum)则迅速扩展,占据了大片草原。

某些本土物种的适应能力较弱,使其在面对入侵物种的竞争时处于劣势。例如,在岛屿生态系统中,由于物种长期处于隔离状态,缺乏与外来物种的竞争经验,使得岛屿本土物种在面对入侵物种时往往表现出较弱的适应能力。例如,在夏威夷群岛,由于地理隔离性,本土鸟类缺乏对抗入侵捕食者的防御机制。当外来捕食者如鼬和猫进入岛屿时,许多本土鸟类迅速减少甚至灭绝。此外,在新西兰,入侵的鼠类和浣熊对本土鸟类和无脊椎动物造成了巨大威胁,由于这些本土物种缺乏对抗外来捕食者的适应能力,其种群迅速下降。

三、生物入侵的防治对策

1. 预防措施

(1) 入境检疫与监测

入境检疫与监测是防止生物入侵的第一道防线,其核心在于防止外来物种通过国际贸易、旅游、运输等途径进入新的生态系统。强化边境检疫措施和建立早期预警系统是预防生物入侵的关键。

边境检疫主要包括对进出口货物、旅客行李、运输工具的检查,以防止外来物种、病原体或其他有害生物的无意引入。加强检疫的有效性,要求在海关、机场、港口等主要入境点部署先进的检测技术,并配备训练有素的检疫人员。实施严格的检疫制度,可以减少外来物种进入的可能性。

建立早期预警系统,可以及时发现和报告潜在的生物入侵事件。通过监测重点区域的生态系统变化,分析生物多样性的波动情况,可以在入侵物种造成大范围扩散之前采取应对措施。预警系统还应包括数据共享平台和信息网络,确保各级管理机构能够迅速响应。

（2）公众教育与宣传

公众教育与宣传是生物入侵防治中的重要组成部分,通过提高公众的防范意识和推动社区参与,可以有效减少人为引发的生物入侵风险。生物入侵防治不仅是政府和科学家的责任,公众的参与同样重要。通过广泛的教育和宣传活动,使公众了解生物入侵的危害及其预防方法,可以避免由于缺乏知识而引发的无意引入。例如,在农田管理、园艺种植、观赏鱼类养殖等领域,普及相关的生物入侵防范知识,减少外来物种的引入风险。社区是生物入侵防治的前线,社区居民往往是最早发现入侵物种的群体。通过社区活动、志愿者项目和地方性组织,动员公众参与入侵物种的监测与防治工作,可以显著提升防治效果。例如,定期组织社区清除行动,移除入侵植物,防止其扩散;通过奖励机制激励公众举报入侵物种的发现,从而增强防治工作的积极性和广泛性。

2. 控制与消除

（1）物理控制

物理控制方法是通过直接移除或阻止入侵物种扩散来减少其对生态系统的影响。常见的物理控制措施包括捕捉、围栏和隔离区建设等。对于一些入侵动物种群,捕捉是最直接的控制方法。捕捉手段可以包括设置陷阱、打捞、猎捕等。例如,入侵水域的小龙虾可以通过设置捕虾笼进行定期捕捞,以减少其种群数量。捕捉方法虽然可以有效减少特定区域内的入侵物种,但需要持续进行,以防止其种群恢复。通过物理屏障阻止入侵物种扩散是一种有效的控制手段。例如,建设围栏可以防止入侵哺乳动物进入保护区;在水体之间设置隔离装置,可以阻止入侵水生物种的扩散。此外,在高风险区域建立隔离区,通过严格控制该区域内的生物活动,可以有效遏制入侵物种的蔓延。化学防治是指使用化学药剂如农药和除草剂来控制或消除入侵物种。化学防治在某些情况下可以迅速降低入侵物种的种群数量,但需要慎重考虑其对非目标物种和环境的潜在影响。对于一些入侵的昆虫或其他无脊椎动物,使用农药可以有效降低其种群数量。例如,入侵植物害虫可以通过喷洒针对性的杀虫剂来进行控制。然而,农药的使用必须遵循科学指导,避免过度依赖,以防止药剂在环境中累积,对非目标物种和人类健康产生负面影响。对于入侵植物,特别是那些在大面积土地上蔓延的物种,除草剂可以迅速抑制其生长。例如,针对入侵草类植物互花米草,可以通过喷洒特定的除草剂来控制其扩展范围。然而,除草剂的使用同样需要科学评估,以避免对本土植物的二次伤害,并防止药物残留对水土环境的污染。

（2）生物控制

生物控制是通过引入天敌或使用生物制剂来控制入侵物种的方法。这种方法往往具有较好的生态兼容性，但需要经过严格的科学评估和长期观察。引入天敌是指将入侵物种的天然捕食者或寄生者引入受影响的生态系统中，以控制入侵物种的种群。例如，在某些地区，为控制入侵植物，可以引入其天然食草昆虫。然而，引入天敌存在一定的风险，必须经过充分的风险评估，以确保引入的生物不会成为新的入侵物种。生物制剂是指利用微生物、病毒或其他生物制品来控制入侵物种。例如，利用细菌或真菌来控制入侵昆虫，或者使用特定病毒来减少入侵动物的繁殖能力。这种方法通常具有较高的专一性，对非目标物种的影响较小，但需要科学的研发和应用指导。

3. 恢复与管理

（1）生态修复与恢复

生态修复是指通过一系列的措施，恢复受入侵物种影响的生态系统功能，重新引入本土物种，恢复其原有的生物多样性和生态结构。在控制和消除入侵物种后，往往需要重新引入原本被排挤或消失的本土物种，以恢复原生态系统的生物多样性。例如，在入侵植物被清除后，可以通过人工种植或种子播撒的方式，恢复原有的本土植物群落。此外，对于受入侵动物影响的区域，可以引入或重新放养本土动物，恢复生态系统的原始动态平衡。

入侵物种往往对生态系统的栖息地造成严重破坏，包括水体富营养化、土壤退化、植被破坏等。通过恢复栖息地的结构和功能，可以有效改善生态系统的健康状态。例如，通过植被恢复、水体净化、土壤修复等措施，重建健康的生态环境，为本土物种提供适宜的栖息地条件，促进其繁衍生息。

（2）长期监测与管理

生物入侵的防治是一个长期的过程，需要持续的监测和管理，以确保防治措施的有效性，并及时应对可能出现的新问题。通过建立长期监测网络，持续跟踪入侵物种的分布、种群变化和生态影响，可以为防治工作的调整提供科学依据。例如，利用遥感技术和地理信息系统（GIS）监测大范围的入侵物种扩展情况，结合现场调查数据，及时发现入侵物种的再度扩散或新入侵事件。定期评估防治措施的效果，有助于及时发现和解决防治工作中的问题。评估可以包括入侵物种种群数量的变化、生态系统恢复情况、本土物种的重新定殖情况等。根据评估结果，可以调整防治策略，优化资源配置，确保防治工作的长期效果。

四、中国的主要入侵物种

在中国，入侵物种对生态系统和经济的影响日益显著。这些物种不仅改变了原生生态系统的结构和功能，还对人类活动和生活造成了诸多挑战。入侵物种的快速扩散往往导致生物多样性的丧失、生态系统功能的破坏以及经济损失的增加。以下是中国境内四个主要入侵物种——互花米草（Spartina alterniflora）、一枝黄花（Solidago canadensis）、小龙虾（Procambarus clarkii）和水葫芦（Eichhornia crassipes）的详细分析，包括其生物学特性、入侵过程、分布及危害，以及防治对策。

1. 互花米草（Spartina alterniflora）

（1）生物学特性

互花米草是一种多年生草本植物，原产于北美沿海湿地。这种植物通常可以长到1.5 至 2 米高，具有较强的生长适应性。其根系发达且深入土壤，使其在防止水土流失和固沙方面具有优越性能。互花米草的叶片长而窄，能够适应各种环境条件，特别是盐碱地和淹水环境。其生态习性包括极高的耐盐碱能力和耐淹水能力，使其在极端环境中也能够生长。

繁殖方面，互花米草既可以通过种子繁殖，也可以通过无性繁殖（通过根茎扩展）进行。这种植物的繁殖能力非常强，每株植物能够产生大量的种子，并且其根系能够在地下扩展形成新的个体。因此，互花米草在新环境中的适应速度极快，能够迅速占据大片土地。

（2）入侵过程

互花米草被引入中国的初衷是为了固沙和保护堤坝。在 20 世纪 70 年代末到 80 年代初，这种植物被引入到中国沿海地区，以帮助固化沙丘和保护海岸线。然而，这一引入行动带来了意想不到的后果。由于互花米草具有强大的适应能力和繁殖能力，它在中国沿海湿地中迅速扩展，尤其是在长江口、渤海湾和珠江口等地区。

这种植物的入侵主要通过水流传播和人类活动加速。水流可以将互花米草的种子或植物残体带到新的区域，而湿地改造和植物移栽等人类活动也促进了其扩散。互花米草在新的环境中迅速生长和繁殖，挤占了本土植物的生存空间，导致了生态系统的显著变化。

（3）分布及危害

互花米草目前主要分布在中国东部的沿海湿地，如长江口、杭州湾、渤海湾和珠江口等地。这些区域原本拥有丰富的生物多样性，是许多动植物的重要栖息地。然而，互花米草的入侵对这些湿地生态系统造成了极大的破坏。其生长会改变湿地的结构和功能,抑制本土植物的生长,并影响鸟类和其他湿地动物的栖息地。

经济上,互花米草的扩展对渔业生产造成了负面影响。大量的互花米草在湿地中生长,会导致鱼类栖息环境的恶化,影响渔业资源。此外,湿地管理和生态修复的成本也因互花米草的入侵而增加,给当地经济带来了额外负担。

2. 一枝黄花(Solidago canadensis)

(1)生物学特性

一枝黄花是一种多年生草本植物,原产于北美,通常能够长到 1.2 至 1.5 米高。这种植物以其金黄色的花序和长时间的花期著称,具有很高的观赏价值。一枝黄花具有极强的耐旱和耐寒能力,能够在多种环境条件下生长。其繁殖主要通过种子进行,每株植物能够产生数千颗种子,繁殖能力极强。

一枝黄花的生态习性使其能够在农田、道路两侧和荒地等环境中迅速生长。其竞争力强,能够有效压制本土植物的生长,降低生物多样性。其适应性强,能够在各种环境条件下存活,因此其扩散速度非常快。

(2)入侵过程

一枝黄花最初被引入中国是作为观赏植物。其美丽的花序和适应性强的特性使其在园艺中受到青睐。然而,在一些地区,这种植物逃逸到了野外,并迅速扩展。入侵过程主要通过风力传播种子和人类活动(如园艺废弃物)加速。一枝黄花在中国东部和中部地区的农田、道路两侧和荒地等地方广泛分布。

其入侵的扩展速度非常快,导致了大量的本土植物被压制,生态系统的结构和功能发生了显著变化。一枝黄花的扩展不仅对自然生态系统构成威胁,也对农业生产带来了挑战。

(3)分布及危害

一枝黄花的主要分布区域包括华东、华中、华南等地区。在这些区域,一枝黄花以其强大的竞争力抑制了本土植物的生长,降低了生物多样性。在农业领域,一枝黄花的入侵对作物生长和产量造成了负面影响。其强大的繁殖能力使得控制和清除措施的难度增加,进一步增加了农业管理的成本。

一枝黄花的入侵还导致了生态系统的功能丧失。例如,在农田中,一枝黄花的扩展会导致作物生长受阻,减少了农田的产量。此外,一枝黄花还会影响土壤的质量,改变土壤的物理和化学性质,对农业生产产生长远的影响。

3. 小龙虾（Procambarus clarkii）

（1）生物学特性

小龙虾是一种体型较小的淡水龙虾。成体体长可达10厘米，具有显著的繁殖能力。其外形特征包括较大的钳子和坚硬的外壳，这些特征使其在捕食和防御上都有较强的能力。

小龙虾是一种广泛适应的淡水生物，能够在多种水体环境中生长，包括江河、湖泊、水库及稻田等。其适应性极强，对水质的变化具有较高的耐受力，包括能够忍受较高的污染水平。这种适应性使得小龙虾能够在多种环境条件下生存繁衍。

小龙虾的繁殖能力非常强，每年可进行多次繁殖。每次繁殖能产下数百至上千个卵，这些卵在适宜的环境条件下会迅速孵化成幼体。繁殖数量大且频繁，使得小龙虾能够迅速扩张其种群。

（2）入侵过程

小龙虾最初是作为食材和水产养殖品种引入中国的。在20世纪80年代和90年代，为了满足市场对小龙虾的需求以及推动水产养殖业的发展，小龙虾被引入中国，并在全国范围内推广养殖。

小龙虾在引入后的短时间内迅速扩展，广泛分布于中国的江河、湖泊、水库及稻田等淡水水域。其扩展速度快主要由于其强大的繁殖能力和较强的环境适应性。

小龙虾的扩散主要通过以下几个途径：水体连通、放生以及逃逸。在水体连通的情况下，小龙虾能够通过自然水流和人类活动带来的水体连接迅速传播。在水产养殖过程中，由于管理不当或设备破损，小龙虾可能会逃逸到周围的水体中，从而加剧其入侵过程。

（3）分布及危害

目前，小龙虾已经广泛分布于全国大部分淡水水域，尤以长江中下游地区为甚。这些地区的湿地和水体为小龙虾提供了丰富的栖息和繁殖环境。小龙虾对水域生态系统的影响是多方面的。首先，小龙虾以水生植物为食，能够显著破坏水生植物群落，影响水域生态平衡。其次，小龙虾捕食鱼卵和幼鱼，造成鱼类资源的减少。此外，小龙虾还通过挖掘泥土和水体底部，对水域的沉积物和底栖生物造成破坏。这些影响综合起来，改变了原有的生态结构和功能。

小龙虾的入侵对经济和社会造成了多方面的影响。一方面，小龙虾侵蚀堤坝和水库设施，导致水利工程的维护和修复成本增加。另一方面，小龙虾的扩散对水产养殖业也带来了挑战，影响了鱼类和其他水产资源的产量和质量。此外，小龙虾的入侵还可能导致生态保护和恢复的难度增加，进一步加剧了经济和社会负担。

4. 水葫芦（Eichhornia crassipes）

（1）生物学特性

水葫芦是一种浮水植物。其形态特征包括圆形或椭圆形的叶片，叶片表面具有蜡质，能够有效防止水分蒸发。根系发达，能够在水体中形成漂浮的植物群落。

水葫芦具有极强的适应性，尤其适宜生长在富营养化的水体中。它能够在静水和缓流的环境中生长，对水质污染具有较高的耐受力。这使得水葫芦能够迅速占据水体表面，形成密集的浮水层。

水葫芦的繁殖方式包括种子繁殖和无性繁殖两种。水葫芦能够通过快速的无性繁殖（如植株分裂和扩展）迅速覆盖水面。其繁殖速度极快，每年可以产生大量种子和子株，进一步促进其扩散。

（2）入侵过程

水葫芦最初被引入中国作为观赏植物和水质净化植物。由于其美观的外观和对水体污染的净化能力，水葫芦被广泛用于水体景观和湿地恢复项目中。

水葫芦在中国南方湖泊、水库、河流等淡水水域中迅速扩展。其入侵过程主要通过水流和人为活动（如园艺废弃物）加速。水葫芦能够通过水流传播其种子和子株，从而在新的水体中迅速繁殖。

水葫芦的扩散主要依赖于水流和人为活动。水体的连通性使得水葫芦能够在多个水域之间传播。此外，人们在园艺和景观中使用水葫芦时，不当处理废弃植物也可能导致其入侵新水域。

（3）分布及危害

水葫芦主要分布于华南、华东、西南及中部地区的淡水水域。由于其适应性强，几乎可以在各种富营养化的水体中生长，包括湖泊、水库和河流。

水葫芦对水体生态系统的影响非常显著。首先，水葫芦能够覆盖水面，阻碍阳光的透射，导致水体底部的光合作用减少，从而引起水体富营养化和缺氧现象。其次，水葫芦的密集生长还影响了水体的氧气溶解度和水质，进而影响水生生物的生存环境。

水葫芦的入侵对经济和社会造成了诸多负面影响。首先，水葫芦能够堵塞河道，影响航运和水电站的正常运行。其次，水葫芦的过度生长增加了水体治理和清除的成本。最后，水葫芦对水体的影响还可能影响当地的渔业资源和生态旅游业，造成经济损失。

第四节　海岸、海洋与生态系统恢复

一、海岸与海洋生态系统的破坏

1. 海岸开发与生态破坏

（1）港口与旅游开发对海岸线的侵蚀

海岸线的侵蚀是港口和旅游开发带来的一个显著问题。在许多沿海城市,港口建设和旅游设施的扩展往往需要填海造陆,这改变了海洋波浪和潮汐的自然动态。填海工程会干扰原有的沙滩沉积过程,导致沙滩流失。海岸线的侵蚀不仅影响了当地的自然景观,还破坏了沙滩生态系统。沙滩流失还会导致海岸防护能力的下降,增加了对沿海地区的自然灾害的脆弱性。

红树林是海岸线生态系统中的重要组成部分,其具有防止海岸侵蚀、提供栖息地和过滤水质的功能。然而,港口和旅游开发常常需要清除红树林区域以便于建设。这种破坏会导致海岸线的稳定性降低,并对依赖红树林栖息地的生物造成威胁。红树林的破坏还会导致水质的恶化,因为红树林在过滤陆地径流中的污染物方面发挥了关键作用。

（2）海岸建筑与工业污染

海岸建筑和工业活动往往会导致海水中的化学污染物增加。例如,工业排放物和城市污水中含有大量的化学物质,如氮、磷、重金属等,这些物质进入海洋后会引发富营养化现象。富营养化会导致藻类的大规模繁殖（如赤潮）,这些藻类会消耗大量的氧气,造成水体缺氧,从而对海洋生物产生负面影响。化学污染物的积累还可能对海洋食物链产生长远的影响。

重金属（如铅、汞、镉等）是工业活动中的常见污染物,它们通过河流流入海洋,并在海底沉积。这些重金属不仅对海洋生物造成直接的毒性影响,还会通过食物链传递给人类。重金属污染可能导致海洋生物的生长、繁殖和健康受到损害,同时也影响了渔业资源的安全性和食品质量。

2. 海洋资源过度利用

（1）过度捕捞与渔业资源衰竭

过度捕捞是海洋资源过度利用的主要表现之一。随着技术的发展和全球对海产品需求的增加,渔业捕捞强度不断提升,导致许多鱼类种群面临衰竭。捕捞的强度超过了鱼类的繁殖能力,使得鱼类资源无法得到有效的恢复。例如,鳕鱼、金枪鱼等商业鱼类的种群数量已经显著减少,甚至出现了局部或全球范围的灭绝现象。这不仅减少了渔业资源的可用量,还对海洋生态系统的稳定性产生了负面影响。

过度捕捞还会影响非目标物种,导致海洋生物多样性减少。许多渔业活动中会误捕大量非目标物种,这些被误捕的生物通常无法存活。长期的过度捕捞会导致海洋生态系统中物种数量的减少,影响生态系统的功能和稳定性。此外,生物多样性的减少还可能使生态系统对环境变化的适应能力下降,增加生态系统的脆弱性。

(2) 海洋矿产资源的开采

海洋矿产资源的开采对海洋生态系统产生了深远的影响。海底采矿通常需要大规模的挖掘,扰动了海底沉积物并释放到水中。这些沉积物会遮挡光线,影响海底生物的生长和繁殖。此外,采矿过程中产生的噪声和振动对海洋哺乳动物的通信和导航系统也会产生干扰。海底采矿还可能破坏海底栖息地,影响海洋生态系统的结构和功能。

海底采矿不仅对局部生态系统造成破坏,还可能对整个海洋生态系统产生连锁反应。采矿活动会破坏海底的自然栖息地,影响海洋生物的生活环境,并改变海洋生态系统的结构。这种破坏可能导致生态系统的退化和生物多样性的丧失,从而影响整个生态系统的健康和功能。

3. 海洋污染

(1) 塑料污染与海洋垃圾

塑料污染是近年来海洋污染的一个重要问题。塑料制品的广泛使用和不当处置导致了大量的塑料垃圾进入海洋。塑料在海洋中经过阳光、风化等因素的作用,逐渐分解成微小的塑料颗粒,称为微塑料。微塑料不仅对海洋生物造成威胁,还可能通过食物链进入人类的食物中。微塑料会被海洋生物误食,影响其健康,如导致消化系统问题和生殖功能损害。

海洋垃圾带是由大量塑料垃圾和其他废弃物汇集而成的区域。这些垃圾带通常漂浮在海洋表面,形成了巨大的垃圾堆积区。例如,太平洋垃圾带就是一个典型的海洋垃圾带。海洋垃圾不仅对海洋生物构成威胁,还影响了海洋景观和人类活动。海洋垃圾带的存在会影响航运安全,降低海洋资源的利用效率。

(2) 海洋酸化与温度升高

海洋吸收了大量的二氧化碳,导致了海洋酸化。二氧化碳在海洋中溶解形成碳酸,降低了海水中的碳酸盐浓度,从而引起了海洋酸化。海洋酸化对海洋生物,特别是珊瑚和贝类,产生了严重影响。珊瑚礁中的珊瑚在酸化的海水中难以形成钙质骨骼,导致珊瑚的生长和繁殖受到抑制。贝类的壳体也会变得较薄,影响其生存能力。

珊瑚礁是海洋生态系统中的重要组成部分,对海洋生物的栖息地和生态平衡具有重要作用。由于海洋温度的升高,珊瑚中的共生藻类(虫黄藻)会被驱逐,导致珊瑚发生白化现象。珊瑚白化使珊瑚失去了其原有的颜色和营养来源,长期的白化会导致珊瑚死亡,从而对整个珊瑚礁生态系统造成严重影响。珊瑚礁白化还会影响到依赖珊瑚礁生境的其他海洋生物,导致生态系统功能的退化。

海岸与海洋生态系统的破坏是由多种因素共同作用的结果,包括海岸开发、资源过度利用以及污染等。这些破坏对海洋生态系统的健康和功能产生了深远的影响,威胁着生物多样性、资源供应和环境稳定性。解决这些问题需要采取综合的措施,包括加强生态保护、改进资源管理、减少污染以及国际合作等。只有通过科学的管理和有效的行动,才能有效地缓解海岸与海洋生态系统的破坏,保护我们的海洋环境,为可持续发展奠定基础。

二、海岸与海洋生态系统的恢复对策

1. 自然修复

(1) 红树林恢复与湿地保护

红树林是海岸线的重要生态屏障,具有防止海岸侵蚀、提供栖息地和过滤污染物的功能。恢复红树林的关键在于恢复其原有的生境条件,包括水文条件和土壤特性。例如,恢复工程可能需要重新引入淡水流入、减少污染物排放,并清除入侵物种。通过人工种植和自然再生相结合的方法,可以逐步恢复红树林生态系统的结构和功能。

红树林的恢复不仅有助于生态系统的健康,还提高了海岸地区对自然灾害的抵御能力。红树林的根系可以稳固海岸沉积物,减少风暴潮和海浪对海岸线的侵蚀。此外,红树林还提供了生物栖息地,有助于维护海洋生态系统的生物多样性。恢复红树林不仅对当地生物群落有益,还对居民的生活安全和财产保护起到了积极作用。

(2) 珊瑚礁的修复与保护

珊瑚礁是海洋生态系统中最富饶的生物群落之一,但它们也面临着严重的威胁。人工珊瑚礁建设是一种有效的修复方法,通过人工构建珊瑚礁结构,提供珊瑚附着和生长的基础。这些结构可以使用天然材料(如岩石或人工栅栏)或人造材料(如混凝土)来建造。人工珊瑚礁不仅有助于促进珊瑚的生长,还可以为其他海洋生物提供栖息地,支持生物多样性。

海洋保护区是保护珊瑚礁及其他海洋生态系统的重要措施。通过设立保护区,可以限制或禁止某些破坏性活动,如过度捕捞、海底采矿和污染排放,从而为珊瑚礁提供一个相对安全的环境。保护区的管理包括监测生态状态、实施保护措施以及教育公众关于海洋保护的重要性。成功的保护区不仅有助于珊瑚礁的恢复,还可以促进海洋资源的可持续利用。

2. 人工干预

(1) 海洋清理与垃圾管理

海洋垃圾对海洋生态系统造成了极大的威胁,尤其是塑料垃圾。海洋垃圾打捞是减轻垃圾污染的一种直接方法。通过使用拖网、浮筒、网状收集器等设备,可以有效地从海洋中移除垃圾。定期的清理工作可以减少海洋垃圾的积累,保护海洋生物和生态系统。此外,海洋清理行动还可以提高公众对海洋污染问题的认识,促进垃圾减量和回收的社会意识。

减少塑料使用是解决海洋污染的一个关键措施。塑料制品在使用后往往被随意丢弃,最终进入海洋。通过推广使用可降解材料、减少一次性塑料产品的使用以及鼓励循环利用,可以有效减少塑料污染。政府、企业和个人应共同努力,推动塑料使用的减少和替代品的开发。这不仅有助于减少海洋塑料污染,还能改善整体环境质量。

(2) 渔业管理与可持续发展

过度捕捞是海洋生态系统破坏的主要原因之一。有效的渔业管理需要对捕捞量进行科学限制,以防止资源的过度消耗。这可以通过制定捕捞配额、禁渔期、禁渔区等措施来实现。科学研究和数据监测是设定捕捞限制的重要基础,确保捕捞活动不会超出生态系统的承载能力。

可持续渔业实践包括使用选择性捕捞技术、减少副捕捞、保护鱼类繁殖区域等。这些措施有助于减少对非目标物种的捕捞和生态系统的破坏。例如,使用带有选择性捕捞装置的渔网可以减少对非目标鱼类和其他海洋生物的捕捞。此外,保护鱼类的繁殖区域可以促进鱼类资源的恢复,提高渔业的长期产量和经济效益。

3. 法律与政策保障

(1) 海洋环境保护立法

制定和完善海洋环境保护法律是确保海洋资源可持续管理的基础,包括制定海洋保护法规、海洋污染控制法规和资源管理条例等。法律框架应涵盖各个方面,如污染物排放标准、保护区管理、渔业资源管理等。此外,法律的执行和监督机制也需要建立,以确保法规得到有效实施。

除了制定法律外,还需要确保法律与实际操作相结合。政府和有关部门应制定实施细则,并对法律实施情况进行定期评估。公众和企业应了解相关法律法规,并参与到生态保护行动中。通过法律、政策和实践的有效结合,可以推动生态系统的恢复和保护工作,促进环境的可持续发展。

（2）国际合作与区域协作

海洋问题是全球性的,单一国家或地区难以独自解决。因此,国际合作和区域协作在海洋保护中发挥着重要作用。国际组织如联合国环境规划署（United Nations Environment Programme，UNEP）、国际海事组织（International Maritime Organization，IMO）等在推动全球海洋保护行动中发挥着关键作用。各国可以通过签署国际公约、参与全球和区域性的保护计划来实现合作。例如,《全球海洋保护公约》和《国际捕鲸委员会》是全球范围内的保护协议,通过这些协议,各国可以共同应对海洋生态系统面临的挑战。

区域性合作也是海洋保护的重要途径。例如,东亚地区的"东亚-澳大利西亚飞行路径"项目和"珊瑚三角区"计划就是成功的区域合作实例。这些计划旨在保护特定区域的海洋生物多样性,协调区域内的管理和保护行动。区域合作可以提高资源管理的效率,增强生态系统的恢复能力,并促进跨国合作与信息共享。

第五节　天人和谐的人地关系与人类命运共同体构建

一、人地关系的定义与内涵

1. 人地关系的概念

（1）人类与自然环境的互动

人地关系指的是人类活动与自然环境之间的复杂互动关系,这种关系既包括人类对自然环境的依赖,也包括自然环境对人类社会的影响。人类社会在生存和发展过程中高度依赖自然环境。首先,自然环境提供了生存所需的资源,如水、空气、土地、矿产等,这些资源是农业、工业和日常生活的基础。其次,生态系统提供的生态服务,如空气净化、水质净化、土壤肥力维持等,直接影响人类的健康和生活质量。例如,森林的存在不仅提供木材和食品,还能调节气候和保护水源。自然环境对人类社会的影响主要体现在气候变化和自然灾害方面。气候变化会引发极端天气事件,如洪水、干旱和风暴,这些现象对农业生产、城市基础设施和人类健康造成威胁。此外,地震、海啸等自然灾害则直接对人类生命财产安全构成风险,影响社会稳定和经济发展。

（2）人地关系的基本特征

人地关系具有显著的互动性，即人类活动和自然环境之间的双向影响。人类活动通过开采资源、污染环境等方式影响自然环境，而环境变化则反作用于人类社会。例如，大规模的城市化进程导致了城市热岛效应，进而影响了城市的气候和空气质量。另一方面，环境污染和资源枯竭的情况也促使人类采取环境保护措施，形成了环境管理和恢复的动态平衡。人类社会对自然资源的依赖体现在生产和生活的各个方面，包括食品生产、能源供应和建筑材料等。同时，环境质量直接影响人类健康和生活质量。良好的环境条件有助于提高生活质量，而恶劣的环境则可能导致健康问题，如空气污染引发的呼吸道疾病、污染水源导致的水传疾病等。

2. 人地关系的内涵

（1）人类活动对自然环境的影响与适应

人类活动对自然环境的影响是显而易见的，特别是在城市化、农业发展和工业生产等方面。城市化导致了大量自然土地被转化为建筑用地，改变了原有的生态系统结构，并增加了环境污染。农业活动则通过施肥、农药使用和土地开垦对土壤质量和水资源造成影响。工业生产产生的废气和废水不仅污染了空气和水体，还对土壤质量产生了负面影响。这些影响不仅导致了生态环境的退化，还可能引发各种环境问题，如气候变暖和生物多样性丧失。

面对环境变化，人类社会不断调整和优化生产和生活方式。农业技术的进步，如抗旱品种的培育和节水灌溉技术的应用，使得农业生产能够适应气候变化带来的挑战。城市规划和建筑设计的改进，如绿色建筑和城市绿地的建设，有助于改善城市环境质量。此外，政府和社会组织也在推动环境保护政策和法规，促进环境友好的生产和消费方式。

（2）资源分布与空间利用

自然资源在地理空间上的分布不均，这种不均衡的资源分布对人类活动有重要影响。资源丰富的地区通常会吸引更多的开发和人口集中，而资源贫乏的地区则可能面临经济发展和生活质量的挑战。例如，石油资源的集中分布使得一些国家在全球能源市场上占据重要地位，而矿产资源稀缺的地区则可能面临资源获取困难的问题。此外，水资源的分布也影响到农业生产和饮用水供应，干旱地区的水资源管理尤其关键。

土地利用类型的分布对环境具有深远影响。农业用地、城市建设用地和工业用地的扩张改变了原有的生态系统结构，影响了生物多样性和生态平衡。例如，大规模的森林砍伐和湿地填埋会导致栖息地丧失和生态系统服务功能的下降。有效的土地利用规划和管理措施可以减少对环境的负面影响，促进资源的可持续利用。

（3）环境变迁对社会经济的影响

地理环境条件对经济活动和生产力的制约作用显著。自然条件如气候、土壤和水资源等直接影响农业生产的产量和质量，限制了农业发展的空间和方式。工业生产则受到能源资源的制约，能源资源丰富的地区更容易发展重工业。地理环境还影响到交通运输和基础设施建设，如山地和水域对交通网络的限制，影响了区域经济的发展。

气候变化和自然灾害对人类社会的影响深远且复杂。全球变暖导致了气候模式的变化，增加了极端天气事件的发生频率和强度。这些变化对农业、城市基础设施和公共健康构成威胁。自然灾害，如地震、洪水和风暴，直接破坏了基础设施，影响了社会经济的稳定。有效的应对措施包括灾害预测与预警、灾后恢复与重建，以及长期的气候适应策略。

（4）区域特征与可持续发展

不同地理区域具有不同的自然条件和资源问题，这些差异对可持续发展策略的制定具有指导意义。例如，干旱地区需要优先考虑水资源管理和土壤保护，而湿润地区则可能面临湿地保护和森林管理的问题。区域性资源管理策略需要根据地理环境的特点制定，以实现环境保护和经济发展的双赢。

可持续发展理念强调在满足当前需求的同时，不损害未来世代满足其需求的能力。实现可持续发展需要综合考虑环境保护、资源管理和经济增长三方面的平衡。策略包括推广绿色技术、实施节能减排措施、保护自然生态系统和推动社会经济结构的转型等。通过制定和实施可持续发展政策，可以减少对自然环境的负面影响，促进人类社会的长远发展。

二、人地关系的发展历程

1. 古代人地关系

（1）早期人类与自然的关系

在原始社会，人类的生存和发展主要依赖于自然环境。因此，早期人类对自然的崇拜是其宗教信仰和社会文化的核心部分。自然神灵的崇拜不仅反映了人类对自然力量的敬畏，也在一定程度上影响了人类的环境行为。例如，在许多古代社会中，山川、河流、树木等自然景观被视为神圣的存在，并与社会的祭祀和宗教活动密切相关。这种自然崇拜不仅塑造了人类的文化和信仰，也在某种程度上推动了环境保护的早期实践，因为自然界被视为神圣而不可侵犯的。

传统农业社会在与自然环境互动的过程中形成了多种环境管理和资源利用模式。古代农业文明的成功在于其对自然环境的适应能力。例如,在古代中国,农民通过改良土壤、建设梯田和灌溉系统,优化了农业生产条件。这些技术不仅提高了农业生产力,还减少了土地的退化。类似地,在古代埃及,尼罗河的定期泛滥为农业提供了肥沃的泥土,古埃及人通过修建灌溉系统和蓄水池来有效利用这一资源。在这些传统农业实践中,人类通过对自然环境的精细管理,逐步建立了相对稳定的生产系统。

(2) 古代文明中的人地互动

古代文明在环境利用方面展现了不同的适应策略。古埃及文明依赖尼罗河的周期性洪水来维持农业生产,发展出了复杂的灌溉和蓄水系统。古希腊文明则在山地环境中发展了梯田农业和水利工程,适应了地形复杂的自然条件。古中国则通过农田水利、土地开垦和作物轮作等措施,优化了农业生产和土地利用。这些古代文明的环境利用策略不仅满足了当时社会的需求,也影响了后来的环境管理实践。

尽管古代对环境保护的认识有限,但早期的环境保护措施已经显现出一定的实践。例如,古希腊和古罗马社会在某些地区实施了森林保护措施,以防止过度砍伐。古代中国则在《周礼》和《礼记》中规定了对森林和水资源的保护措施,体现了对环境资源管理的初步认识。虽然这些措施的目的和效果与现代环境保护有所不同,但它们为后来的环境管理实践奠定了基础。

2. 近代人地关系

(1) 工业化的环境影响

工业革命(18世纪末至19世纪初)是人地关系史上的一个重要转折点。工业化带来了生产力的飞跃,但也对自然环境产生了深远影响。工业革命促进了大量的能源消耗和资源开采,如煤炭、铁矿石等,这些资源的过度开发引发了严重的空气污染和水体污染。例如,工业城市如曼彻斯特和伦敦在工业化初期经历了严重的烟雾和酸雨问题。工业废料的排放对土壤和水体造成了污染,影响了生态系统的健康。

近代工业社会对自然资源的开采超过了自然环境的自我恢复能力。矿产资源的开采、森林的砍伐和水资源的过度利用加剧了环境退化。例如,大规模的森林砍伐导致了土壤侵蚀和生物栖息地的丧失。矿产开采则引发了土地的破坏和水源的污染。这些过度开发行为不仅造成了生态系统的破坏,也引发了资源枯竭和环境恶化的问题。

(2) 现代环境问题的初步认识

20世纪60年代,随着环境污染问题的加剧,现代环保运动开始兴起。Rachel Carson的《寂静的春天》一书引起了广泛关注,揭示了农药对环境的危害。这本书标志着现代环境保护意识的觉醒,并催生了全球范围内的环境保护运动。公众对环境问题的关注推动了环境科学的发展和环保政策的制定,促进了环境问题的广泛讨论和解决。

随着环境保护意识的提高,各国开始制定并实施早期的环境保护政策。1970 年代,美国成立了环境保护署(Environmental Protection Agency, EPA),并出台了《清洁空气法》和《清洁水法》,标志着环境保护法规的初步建立。欧洲国家也相继制定了环境保护法规,推动了环境治理的立法进程。这些早期环境政策为后来的环境保护措施奠定了法律基础,并促进了环境保护的国际合作。

3. 现代人地关系

(1) 可持续发展理念的兴起

21 世纪初,全球范围内开始关注生态文明的建设。生态文明概念强调人类社会在经济发展过程中必须尊重自然、顺应自然、保护自然,以实现人与自然的和谐共生。这一理念体现了对环境保护和资源利用的全新认识,推动了可持续发展的实践。例如,中国提出的"生态文明"理念强调绿色发展和环境保护,倡导绿色生产和消费,推动了国家和社会对可持续发展的全面认识和实践。

绿色发展政策是实现可持续发展的重要途径。各国政府和国际组织制定了一系列政策措施,以推动绿色经济和低碳发展。例如,欧洲联盟推出了《绿色协议》,旨在到 2050 年实现碳中和。中国实施了《国家生态文明建设纲要》和《"十四五"生态环境保护规划》,推动绿色技术的应用和低碳经济的发展。绿色发展政策的实施不仅有助于减少环境污染和资源消耗,还促进了经济结构的转型和升级。

(2) 全球化的环境挑战

全球化带来了环境问题的跨国性和复杂性。气候变化、生物多样性丧失和跨国污染等全球环境问题需要国际社会的共同应对。气候变化引发的极端天气事件、海平面上升和生态系统变化,对全球范围内的环境和社会造成威胁。生物多样性丧失和生态系统退化影响了全球生态安全和人类福祉。跨国污染问题则需要国际合作和治理机制来解决,如全球范围内的塑料垃圾问题和有害物质的跨境传播。

针对全球环境挑战,国际社会建立了多边环境治理机制。国际环境协议如《巴黎协定》和《生物多样性公约》为应对气候变化和生物多样性丧失提供了合作框架。全球环境治理还包括国际组织的参与,如联合国环境规划署(UNEP)和世界自然保护联盟(International Union for Coservation of Nature, IUCN),这些组织在全球范围内协调环境保护行动,推动政策制定和实施。全球环境治理的目标是通过国际合作和共同努力,实现全球环境的可持续发展和保护。

三、天人和谐的理论基础

1. 天人合一思想

（1）古代中国哲学

儒家思想，由孔子创立，深刻影响了古代中国对自然和社会的理解。儒家对天人关系的理解体现在以下几个方面：一是天命与道德。儒家认为"天命"是宇宙的根本法则，强调人类的社会行为必须符合天道。孔子在《论语》中提到，"天命之谓性"，即人的本性与社会行为应与天道相一致。儒家思想提倡的"仁爱"与"中庸"理念，推动了对环境的伦理关注，主张人类的活动应当尊重自然法则，避免过度干预和破坏。二是环境伦理。儒家对环境的伦理关怀体现在"和谐"与"礼制"的思想中。儒家主张人类应以德治国，并倡导"天人合一"的观念，认为人与自然应保持和谐的关系。孔子强调的"中庸之道"在环境管理上体现为对自然的节制与尊重，提倡人与自然的和谐共处。

道家思想由老子和庄子提出，强调"道"的理念，即自然的根本原则。道家对自然和谐的理念在生态管理中的应用体现在以下方面：一是无为而治。道家提倡"无为而治"，即顺应自然规律而非强行干预。老子在《道德经》中提到"人法地，地法天，天法道，道法自然"，强调人类社会应顺应自然法则，避免过度开发和干扰自然。这种思想促使古代社会对环境采取了更加尊重和保护的态度。二是生态和谐。道家认为自然界的万物相互依存，强调"道"是所有生命的根源。庄子的"自然"观念鼓励人们在生活和生产中保持谦逊与尊重，认为人类应当减少对自然的干预，维护生态平衡。这种思想推动了古代中国在环境管理和资源利用上的可持续实践。

（2）实践中的天人合一

古代中国在实践中体现了天人合一思想，通过农业管理、风水理念等方法实现对自然环境的有效管理和保护：① 农业管理：古代中国的农业管理强调顺应自然规律，如灌溉系统的建设（如都江堰）不仅展示了对自然环境的智慧利用，还体现了顺应自然规律的思想。古代农业技术如轮作和休耕制度，体现了对土壤和生态环境的保护，增强了农业的可持续性。② 风水理念：风水学说在古代中国广泛应用于建筑和城市规划中。风水强调地形、气候对人类生活的影响，主张选择有利于健康和幸福的自然环境。这种理念不仅影响了古代建筑设计，还体现了对自然环境的尊重和合理利用。

现代社会重新审视和应用天人合一思想，推动了环境保护和可持续发展的实践。现代环境保护实践中，天人合一理念被融入绿色建筑、生态城市规划等方面。例如，生态城市规划强调人类生活与自然环境的和谐共生，绿色建筑设计则注重节能减排和资源的可持续利用。现代社会的可持续发展理念延续了天人合一思想,强调经济发展与环境保护的平衡。政策制定者和企业在资源管理、污染控制和生态修复等方面,积极推进天人合一理念的应用,以实现长期的环境可持续性。

2. 生态文明理念

(1) 生态文明的定义

生态文明作为一种社会发展模式,强调人与自然的和谐共生,具有以下核心价值。一是人与自然和谐。生态文明主张人类活动应与自然环境相协调,以实现生态系统的稳定和可持续。人与自然的和谐共生不仅关乎环境保护,也兼顾经济发展和社会公平,强调通过科学管理和技术创新,减少对自然的负面影响。二是可持续发展。生态文明追求经济、社会和环境的协调发展。它要求在推动经济增长的同时,重视资源的可持续利用和生态环境的保护,确保当前和未来世代的福祉。

生态文明的主要目标包括环境保护和促进经济社会的可持续发展。通过实施环境保护措施,减少污染和生态破坏,维护生态系统的健康。目标包括提高环境质量、恢复生态系统功能和保护生物多样性。推动经济增长与环境保护的平衡,确保经济活动不会超出生态承载力。促进社会公平、增强社会包容性,以及推动绿色技术和创新。

(2) 生态文明的实施

生态文明的实施是全球应对环境危机、推动可持续发展的重要战略。各国在生态文明建设中的成功实践,不仅为本国的环境保护和经济发展奠定了坚实基础,也为全球提供了宝贵的经验和启示。在这一过程中,政策措施和法律法规的制定与落实起到了关键作用。中国在生态文明建设方面取得了显著的进展。

作为世界上最大的发展中国家,中国在快速工业化和城市化过程中面临着巨大的环境压力。然而,中国政府积极推进生态文明建设,通过一系列政策措施和实践探索,包括建立自然保护区、实施生态补偿政策、推进绿色经济等。政策措施如"生态红线"制度和"绿色发展理念"旨在保护生态环境、提高资源使用效率,逐步实现了环境保护与经济发展的双赢。中国的生态文明建设强调经济发展必须与环境保护相协调。通过推动循环经济、低碳经济和绿色产业发展,努力实现资源节约和环境友好的经济增长模式。例如,在城市规划和建设中,优先考虑节能减排、绿色建筑和清洁能源的应用,以减少城市生态足迹,提升城市的可持续发展能力。

在全球范围内,许多国家和地区在生态文明建设方面也取得了显著成绩,为全球生态文明建设提供了有力的借鉴。瑞典被誉为全球环境保护的先锋国家,其绿色城市规划备受关注。瑞典的城市规划强调绿色空间的建设、公共交通的优先发展以及能源的可持续利用。例如,斯德哥尔摩市通过大规模绿地建设和绿色基础设施的整合,成功打造了一个宜居、低碳的现代城市。同时,瑞典在能源管理方面也表现出色,广泛采用可再生能源,减少了对化石燃料的依赖。德国的能源转型政策(Energiewende)是全球能源领域的一个重要范例。该政策的核心目标是逐步淘汰核能和化石燃料,转而发展可再生能源,如风能、太阳能和生物质能。通过政策激励、技术创新和市场机制,德国成功将可再生能源的比例提升至总能源消费的40%以上。这一转型不仅降低了温室气体排放,还推动了能源行业的技术进步和经济增长。北欧国家(如挪威、丹麦和芬兰)在可持续发展实践中积累了丰富的经验。这些国家通过严格的环境政策、先进的技术应用和高水平的社会参与,实现了经济发展与环境保护的协调。例如,挪威在水资源管理、森林保护和可再生能源利用方面都处于全球领先地位。此外,丹麦的循环经济和废物处理体系也为其他国家提供了宝贵的经验。

3. 可持续发展目标

(1) 全球可持续发展目标

联合国于2015年通过的《2030年可持续发展议程》提出了17项可持续发展目标(SDGs),这些目标旨在解决全球面临的主要挑战。SDGs的主要内容包括五个方面。一是消除贫困与饥饿。全球消除贫困和饥饿,提高生活质量和福利水平。目标包括提供社会保障、确保所有人享有基本生活需求和改善营养状况。二是健康与教育。确保全民健康,提升教育质量和普及程度。目标包括减少儿童死亡率、提高医疗服务的可及性和促进终身学习。三是性别平等与水资源管理。实现性别平等,改善水资源管理和水质。目标包括消除性别不平等、提高水资源的可持续管理和保障安全饮水。四是气候行动。应对气候变化,减少温室气体排放。目标包括加强气候适应能力、减少全球温室气体排放和推动绿色能源发展。五是可持续经济增长。推动经济增长与就业,促进创新和基础设施建设。目标包括提高经济增长质量、促进创新技术和加强基础设施建设。

(2) 各国为实现联合国可持续发展目标(Sustainable Development Goals, SDGs)的策略和行动

实现联合国可持续发展目标(SDGs)是全球各国共同的责任,各国根据各自的国情和发展阶段,制定了多样化的策略和行动,以实现这些目标。许多国家通过制定国家可持续发展战略,将SDGs融入国家发展规划。例如,中国发布了《国家可持续发展议程创新示范区建设方案》,推动SDGs与国家经济社会发展规划的紧密结合。欧洲国家则通过《欧洲绿色协议》,明确了向绿色经济转型的具体路径,以实现气候行动和环境保护目标。为了实现SDGs,各国加大了在公共基础设施、教育、卫生和社会保障等领域的资金投入。日本通过提供官方发展援助(Offcial Development Assistance, ODA)支持发展中国家的可持续发展项目,重点关注健康、教育和基础设施建设。非洲国家则在国际援助的支持下,优先解决贫困、饥饿和卫生等问题。各国积极推进技

术创新,以应对气候变化、资源短缺等全球性挑战。例如,德国和丹麦等国家通过发展可再生能源技术,减少温室气体排放,带动了绿色经济的快速发展。同时,各国还通过国际合作平台,如联合国和国际货币基金组织,促进技术转移和能力建设,帮助发展中国家应对可持续发展挑战。各国鼓励公众参与 SDGs 的实施,提高社会各界对可持续发展的意识。例如,瑞典通过教育和宣传活动,广泛传播可持续发展理念,鼓励公众参与环境保护和社会责任活动。印度则通过"清洁印度"运动,动员全国力量改善环境卫生,提升全民的可持续发展意识。各国建立了完善的监测和评估机制,以确保 SDGs 的实施效果。例如,英国政府通过年度报告评估 SDGs 的进展,并在必要时调整政策措施。联合国提供的全球指标框架也帮助各国跟踪和评估目标实现的进展。

四、构建和谐人地关系的对策与实践

1. 推动可持续发展

(1) 资源节约与高效利用

　　资源利用效率的提高是实现可持续发展的关键。减少资源浪费和提升资源回收率不仅能够缓解资源短缺问题,还能减少对环境的负面影响。新技术的应用可以显著提高资源的利用效率。例如,高效能的生产设备和工艺可以减少原材料消耗,提高产品的使用寿命。现代制造业中的智能化生产线,通过实时监测和调整生产过程,减少废料和能源消耗。建立健全的资源回收体系,对于减少资源浪费至关重要。通过分类回收和再加工,废弃物能够转化为有价值的原材料。例如,城市垃圾分类系统的推广,使得可回收物品得以有效处理和再利用,减少了对原生资源的需求。推广绿色生产和消费模式,可以有效提高资源利用效率。例如,循环经济理念的应用,通过设计可回收和可重复使用的产品,降低了资源消耗。企业在设计产品时,考虑到产品生命周期的各个阶段,从而减少资源的整体需求。

　　资源节约的法律法规和管理措施,为资源的高效利用提供了制度保障。制定和实施资源节约法律法规是推动资源高效利用的基础。政府通过政策激励措施,鼓励企业和个人采取资源节约行动。例如,提供税收减免和补贴政策,鼓励使用节能产品和技术。绿色认证体系也激励企业采用环境友好的生产方式,并对其进行认证,从而提升市场竞争力。资源管理部门应加强对资源利用的监管和评估,制定资源使用标准和指标,确保资源的高效利用。例如,建立资源利用监测系统,对资源使用情况进行实时跟踪和分析,及时调整管理策略。

(2) 绿色经济与低碳发展

　　绿色经济是一种以促进绿色技术和可再生能源为核心的经济发展模式,其主要目标是实现经济增长的同时,减少对环境的负面影响。绿色经济的核心理念包括资源高效利用、可再生能源和环境保护与经济增长的平衡。绿色经济强调资源的高效利用,减少资源的消耗和环境污染。通过引入节能环保技术和管理措施,提高生产和消费的资源利用效率。推动可再生能源的发展,如太阳能、风能和生物能,是绿色经济的重要组成部分。可再生能源的使用可以减少对化石燃料的依赖,降低碳排放和环境污染。绿色经济追求环境保护与经济增长的双赢,避免传统经济模式中的环境破坏。通过绿色投资和创新,促进经济结构的优化升级,实现可持续发展。

低碳发展是减少碳排放、应对气候变化的重要战略。各国政府通过制定碳排放政策,推动低碳发展。例如,碳定价机制(如碳税和碳交易体系)可以为碳排放定价,激励企业减少碳排放。政府还可以制定减排目标和计划,推动能源转型和技术革新。许多国家和地区在低碳发展方面取得了显著成效。例如,丹麦通过大力发展风能和太阳能,实现了可再生能源在电力总供应中的高比例。中国的"绿色金融"政策也促进了绿色投资,推动了低碳经济的发展。企业可以通过实施节能减排措施,降低生产过程中的碳排放。例如,采用能源管理系统和绿色建筑标准。个人也可以通过绿色出行和减少能源消耗等方式参与低碳行动,支持低碳发展目标的实现。

2. 加强生态保护与恢复

(1) 生态系统保护

自然保护区的建立是保护关键生态区域和物种的重要措施。科学规划自然保护区的范围和管理措施,确保重要生态系统和物种得到有效保护。保护区的划定应基于生态学研究,选择关键生态区域和物种栖息地。建立生态监测和评估系统,对保护区内的生态环境和物种进行定期监测。这有助于评估保护效果,及时调整管理措施,确保保护目标的实现。鼓励当地社区参与自然保护区的管理,提升保护意识。通过社区参与,增加保护措施的可行性和有效性。例如,社区生态保护项目可以帮助减少人类活动对自然环境的影响。

生态红线政策是限制生态破坏的政策措施,旨在保护生态功能和生物多样性。根据生态功能和环境敏感性,划定生态红线区域,限制开发活动。这些区域通常包括重要生态系统、自然保护区和水源保护区等。实施严格的管理措施,禁止在生态红线区域内进行破坏性开发活动。通过法律法规和政策措施,确保生态红线区域的保护和管理。加强对生态红线区域的执法和监督,确保政策的落实。通过定期检查和处罚措施,防止非法开发和环境破坏。

(2) 环境修复与生态恢复

生态修复工程旨在恢复受损生态系统的健康和功能。通过植树造林、草地恢复等方式,恢复生态系统中的植物群落。这有助于改善土壤质量、增加生物多样性和提高生态系统的稳定性。针对受污染或破坏的水体,采取措施改善水质和生态环境。例如,湿地恢复和水体净化技术可以有效提升水体生态功能。对受污染的土壤进行修复,减少土壤污染和退化。土壤修复技术包括土壤替换、生物修复和化学修复等方法。

中国的黄河流域,尤其是中下游地区,长期受到人类活动的干扰,如农田开垦、水利工程建设等,导致湿地面积缩减、生态功能退化。为了应对这些问题,中国政府启动了黄河湿地恢复项目,采取了植被恢复和水体管理等一系列措施。中国的黄河湿地恢复项目是一个典型的生态修复工程,旨在通过多种生态措施改善黄河流域的生态环境,恢复湿地功能,提升生物多样性。黄河湿地恢复项目不仅在生态环境方面取得了显著成效,还对当地社区的经济发展产生了积极影响。湿地恢复后,生态旅游业逐渐兴起,为当地居民提供了新的收入来源。此外,湿地的生态改善也提高了农田的灌溉质量,增加了农业产出。这一项目的成功实施,展示了生态修复与经济发展双赢的可能性。

亚马逊雨林被誉为"地球之肺",其广袤的森林在全球气候调节、生物多样性保护等方面具有重要意义。然而,近年来,由于非法采伐、农业扩展和火灾等人类活动的影响,亚马逊雨林面临着严重的退化。为应对这一挑战,多个生态恢复项目在亚马逊地区展开,致力于修复受损雨林,保护生物多样性。这些恢复和保护措施取得了显著的成果,不仅帮助恢复了亚马逊雨林的健康和功能,还在一定程度上扭转了雨林的退化趋势。同时,项目也注重与当地社区的合作,提供培训和技术支持,帮助社区居民发展可持续的生计,如生态旅游和可持续农业,减少他们对森林资源的依赖。

澳大利亚大堡礁是世界上最大、最具生物多样性的珊瑚礁系统之一,然而近年来,由于气候变化、海洋酸化、污染和过度捕捞等原因,珊瑚礁生态系统受到了严重的威胁。为应对这一挑战,澳大利亚政府和相关机构启动了大堡礁修复项目,旨在通过多种生态措施恢复珊瑚礁的健康和功能。珊瑚礁种植是大堡礁修复项目中的一项关键措施。水质管理也是大堡礁修复项目的重要组成部分。为了确保大堡礁的长期保护,项目还加强了对珊瑚礁生态环境的监测与研究。通过持续的数据收集和分析,科学家们能够及时发现环境变化并采取应对措施。这种实时监测不仅有助于珊瑚礁的修复工作,还为全球其他珊瑚礁保护项目提供了宝贵的经验和数据支持。大堡礁修复项目的成功不仅在于生态环境的恢复,还在于提高了公众对珊瑚礁保护的意识。项目通过教育和宣传活动,鼓励更多人参与珊瑚礁保护,为这一全球重要生态系统的未来发展奠定了基础。

3. 促进公众参与与环境教育

(1) 环境意识提升

环境教育旨在提升公众对环境问题的认知和行动能力。环境教育的内容包括环境知识普及、行动指南和案例学习。通过教育活动向公众普及环境保护的基本知识,如生态系统功能、环境污染的影响和资源节约的方法。这有助于增强公众对环境问题的理解。提供具体的环保行动指南,鼓励公众采取环保行动。例如,减少能源消耗、节约水资源和参与垃圾分类等日常行为,能够有效减少对环境的影响。通过展示成功的环保案例和经验,激励公众参与环境保护。案例学习可以帮助公众了解环保行动的实际效果和重要性。

宣传活动是提高公众环保意识的重要手段。通过电视、广播、互联网等媒体,广泛传播环保信息。媒体宣传可以提高公众对环境问题的关注,促进环保行动的普及。在社区内组织环保讲座、展览和活动,增强居民的环保意识。社区活动可以通过互动和参与,提高居民对环保行动的积极性。在学校中开展环境教育课程,培养学生的环保意识和行动能力。学校教育可以通过课堂教学和课外活动,激发学生对环境保护的兴趣。

（2）社区参与与合作

社区参与环境保护活动,可以提升居民的环保意识和行动能力。支持和资助社区环保项目,如清理活动、植树造林和节能改造等。社区项目能够提升居民的环保意识,增强社区凝聚力。鼓励居民加入环保志愿者组织,参与环保活动和项目。志愿者组织可以提供培训和支持,帮助居民有效参与环境保护工作。举办社区环保竞赛,如垃圾分类竞赛和节能减排挑战,激励居民积极参与环保行动。竞赛能够提高居民的环保意识,推动环保行为的普及。

政府、企业和非政府组织（Non-Government Organization，NGO）在环境保护中的合作模式,有助于提升环境保护效果。政府可以与企业合作,推动绿色技术的研发和应用。企业在环保方面的投资和技术创新,能够促进环保目标的实现。非政府组织在环境保护中发挥着重要作用。NGO可以通过倡导、监督和项目实施,促进环境保护政策的落实。建立多方合作平台,汇聚政府、企业、NGO和社区的力量,共同推动环境保护工作。合作平台可以促进信息交流、资源共享和经验学习。

通过推动可持续发展、加强生态保护与恢复、促进公众参与与环境教育等措施,可以有效构建和谐的人地关系,实现人与自然的和谐共生。

 思考题

1. 在全球变化背景下,哪些因素导致了人地关系的紧张化？请结合实际案例分析气候变化、资源利用与人类社会发展的矛盾,并讨论如何缓解这些紧张关系。

2. 现代社会中,哪些主要污染源对地球环境造成了威胁？请探讨工业化进程中的环境污染。

3. 全球变暖的形成原因复杂多样,请列举并分析主要的人为和自然因素,讨论这些因素在全球气候系统中的作用。

4. 海平面上升对沿海地区的生态系统和人类活动有哪些潜在影响？请结合实际

案例,分析这种变化如何影响农业、渔业和城市发展,并讨论可能的应对策略。

5. 生物入侵如何破坏本地生态系统的平衡? 请以一种入侵物种为例,分析其对当地生物多样性和经济发展的影响,并探讨生物入侵的全球性威胁。

6. 中国面临哪些主要的入侵物种威胁? 请分析这些物种在中国的传播途径和影响,并讨论有效的防治措施。

7. 哪些人类活动对海岸和海洋生态系统造成了破坏? 请分析这些活动如何影响海洋生物多样性和渔业资源,并探讨可能的恢复对策。

8. 恢复海岸和海洋生态系统的关键措施有哪些? 请结合实际案例,讨论人工干预和自然恢复方法的优缺点,并提出可持续的生态恢复策略。

9. 天人和谐的理念在中国传统文化中具有深厚的基础,请结合具体哲学思想,探讨这一理念如何指导现代环境保护与可持续发展实践。

10. 在全球化背景下,如何构建和谐的人地关系,实现人类命运共同体的目标? 请讨论具体的国际合作与政策措施,并结合当前环境挑战提出自己的见解。

推荐阅读书籍

1. 费伦贝格:《环境研究 环境污染问题导论》,人民卫生出版社,1986.

2. 徐娟,王龙飞,俞汉青:《环境中的天然大分子与污染物相互作用》,中国科学技术大学出版社,2022.

3. 李含琳,金文俊:《环境理论与环境保护》,甘肃人民出版社,2004.

4. 韩薇薇:《触目惊心的环境污染》,吉林美术出版社,2014.

5. Eldon, D. Enger, Bradley, 等:《环境科学 交叉关系学科》,清华大学出版社,2017.

6. 李汉卿,谢文焕:《环境污染与生物》,黑龙江科学技术出版社,1985.

7. 谢红梅:《环境污染与控制对策》,电子科技大学出版社,2016.

8. 孙胜龙:《环境污染与控制》,化学工业出版社,2001.

9. 霍顿:《全球变暖》,气象出版社,2013.

10. 张军强:《如何应对全球变暖危机》,中国民主法制出版社,2013.

11. 吴波:《毁灭人类的温室效应》,北方妇女儿童出版社,2012.

12. 宋俊:《碳中和与低碳能源》,机械工业出版社,2022.

13. 胡建林,黄琳,刘振鑫:《环境气象学基础》,气象出版社,2023.

14. 罗斯·格尔布斯潘:《炎热的地球 气候危机,掩盖真相还是寻求对策》,上海译文出版社,2001.

15. 习珈维:《拯救发烧的地球》,清华大学出版社,2023.

16. 欧高敦:《应对气候变化》,经济科学出版社,2008.

17. 中国科学院地学部:《海平面上升对中国三角洲地区的影响及对策》,科学出版社,1994.

18. 冯浩鉴:《中国东部沿海地区海平面与陆地垂直运动》,海洋出版社,1999.

19. 杜祥琬,丁一汇:《气候变化对中国沿海城市工程的影响和适应对策》,气象出版社,2021.

20. 李坤陶,李文增:《生物入侵与防治》,光明日报出版社,2006.

21. 温俊宝,刘春兴:《生物入侵的法律对策研究》,中国林业出版社,2013.

22. 李宏,陈锋:《警惕外来物种入侵》,重庆出版社,2017.

23. 谢苄:《人类的生态困境》,安徽文艺出版社,2012.

24. 陈万权:《病虫防控与生物安全》,中国农业科学技术出版社,2021.

25. 徐汝梅,叶万辉:《生物入侵 理论与实践》,科学出版社,2003.

26. 万方浩,谢丙炎,褚栋,等:《生物入侵:管理篇》,科学出版社,2008.

27. 陈集双,姜永厚:《外来入侵生物控制》,浙江大学出版社,2006.

28. 万方浩,郑小波,郭建英:《重要农林外来入侵物种的生物学与控制》,科学出版社,2005.

29. 安鑫龙,李亚宁:《海洋生态修复学》,南开大学出版社,2019.

30. 丁德文,石洪华,张学雷,等:《近岸海域水质变化机理及生态环境效应研究》,海洋出版社,2009.

31. 李永祺,唐学玺,周斌,等:《海洋恢复生态学》,中国海洋大学出版社,2016.

32. 李纯厚,贾晓平,孙典荣,等:《南澎列岛海洋生态及生物多样性》,海洋出版社,2009.

33. 高艳,李彬:《海洋生态文明视域下的海洋综合管理研究》,中国海洋大学出版社,2016.

34. 金其铭:《人地关系论》,江苏教育出版社,1993.

35. 王义民:《区域人地关系优化调控的理论与实践》,西安地图出版社,2008.

36. 王劲峰:《人地关系演进及其调控 全球变化、自然灾害、人类活动中国典型区研究》,科学出版社,1995.

37. 郭耕.:《天人和谐》,山东教育出版社. 2012.

38. 周冶:《道法自然 道教与生态》,四川人民出版社,2012.

39. 鲁西奇:《长江中游的人地关系与地域社会》,厦门大学出版社,2016.

40. Jerry Silver:*Global Warming and Climate Change Demystified*, McGraw Hill LLC, 2008.

41. John T. Houghton:*Global Warming*,Cambridge University Press,2004.

参考文献

[1] 约翰·布罗克曼.宇宙:从起源到未来[M].杭州:浙江人民出版社,2017.

[2] 潘文彬,温诗惠.大爆炸后的宇宙[M].广州:广东科技出版社,2021.

[3] 约翰·巴罗.宇宙的起源[M].天津:天津科学技术出版社,2020.

[4] 王永春.地理视野前沿[M].北京:中国农业科学技术出版社,2021.

[5] 大卫·贝克.极简万物史[M].北京:中国科学技术出版社,2024.

[6] 程存洁.地球历史与生命演化[M].上海:上海古籍出版社,2006.

[7] 陈小和.生命交替的轮回 史前生物大灭绝[M].上海:上海科学普及出版社,2011.

[8] 徐娟,王龙飞,俞汉青.环境中的天然大分子与污染物相互作用[M].北京:中国科学技术大学出版社,2022.

[9] 张军强.如何应对全球变暖危机[M].北京:中国民主法制出版社,2013.

[10] 宋俊.碳中和与低碳能源[M].北京:机械工业出版社,2022.

[11] 胡建林,黄琳,刘振鑫.环境气象学基础[M].北京:气象出版社,2023.

[12] 习珈维.拯救发烧的地球[M].北京:清华大学出版社,2023.

[13] 陈万权.病虫防控与生物安全[M].北京:中国农业科学技术出版社,2021.

[14] 陈集双,姜永厚.外来入侵生物控制[M].杭州:浙江大学出版社,2006.

[15] 安鑫龙,李亚宁.海洋生态修复学[M].天津:南开大学出版社,2019.

[16] 丁德文,石洪华,张学雷,等.近岸海域水质变化机理及生态环境效应研究[M].北京:海洋出版社,2009.

[17] 李永祺,唐学玺,周斌,等.海洋恢复生态学[M].青岛:中国海洋大学出版社,2016.

[18] 王劲峰.人地关系演进及其调控 全球变化、自然灾害、人类活动中国典型区研究[M].北京:科学出版社,1995.

[19] 管康林.生命起源与演化[M].杭州:浙江大学出版社,2012.

[20] 周俊.生命地球同源论 关于地球生命起源与有机演化的同源学说[M].北

京：中国科学技术大学出版社，2017.

［21］张德永.生命起源探索［M］.上海：上海科学技术出版社，1979.

［22］顾坤明.生命与意识的起源［M］.北京：九州出版社，2014.

［23］王湘君.脊椎动物类群及动物进化研究［M］.成都：电子科技大学出版社，2018.

［24］贾兰坡.人类起源的演化过程［M］.北京：文化发展出版社，2022.

［25］翁启宇.全球史下看中国 第1卷 从人类演化到四大河文明［M］.上海：上海社会科学院出版社，2021.

［26］刘舜康.人类文化进化 从狩猎采集到现代文明［M］.西安：西北大学出版社，2022.

［27］刘鑫.生物研究发展简史［M］.合肥：安徽人民出版社，2019.

［28］蒋志文，侯先光，吉学平，等.生命的历程［M］.昆明：云南科学技术出版社，2000.

［29］帕特里克，李昂，艾博特.自然灾害与生活（原书第9版）［M］.北京：电子工业出版社，2017.

［30］陆亚龙，肖功建.气象灾害及其防御［M］.北京：气象出版社，2001.

［31］谢宇.龙卷风的防范与自救［M］.西安：西安地图出版社，2010.

［32］王美丽.自然科学之谜大破译［M］.北京：北京燕山出版社，2010.

［33］张培昌，朱君鉴，魏鸣.龙卷形成原理与天气雷达探测［M］.北京：气象出版社，2019.

［34］马彩霞.地震灾害及防震减灾对策［M］.银川：宁夏人民出版社，2012.

［35］李金镇，赵体群，陈志强.地球颤抖［M］.济南：山东科学技术出版社，2016.

［36］中国科学院地球物理研究所.地震学基础［M］.北京：科学出版社，1976.

［37］李原园，文康，李蝶娟.中国城市防洪减灾对策研究［M］.北京：中国水利水电出版社，2017.

［39］辛洪富.咆哮的蛟龙—海啸［M］.北京：海洋出版社，2007.

［40］莱卡.世界典型火山及喷发机制分析［M］.北京：石油工业出版社，2008.

［41］刘若新.中国的活火山［M］.北京：地震出版社，2000.